花园植物完

［法］本尼迪克特·布达松 / 著

赵昕 / 译

长江出版传媒　湖北科学技术出版社

目　录

与月季的完美搭配

　　月季是花园里的常见植物,它因枝叶的装饰效果而独具美感。不同品种的月季组合在一起更具魅力,尤其是藤本月季。

精心养护月季需遵循的原则

> **首先挑选好心仪的月季品种,** 然后选择能够增加美观效果的其他花卉种植在月季植株底端或旁侧。如果顺序颠倒,比如在已组合好的花簇中再加入一株不同的月季,很可能喧宾夺主。

> **花卉的芳香气味不仅是女性的最爱,** 还能够防治病虫害。比如,薰衣草的香味能够驱赶蚂蚁与蚜虫;芸香与鼠尾草也是害虫的劲敌。

> **可在月季周围种一些蓍草、大戟或天竺葵,** 并留出足够的空间。景天与紫菀开花后,与月季相得益彰,增添花园的美感。在光照较好的花丛处,薰衣草也是月季的最佳搭配拍档。

> **对于露地栽种的月季,** 搭配原则与上述并无差别。设想一下哪些种类的花卉能够为月季增添色彩,哪些灌木植物或多年生草本植物能够衬托出月季的色彩。藤本月季的枝条僵直且易枯萎,故比灌木月季更需要其他植株枝叶的点缀。株型矮小的月季(高度不超过1m)底部枝叶生长茂盛,可与其他多年生草本植物的枝叶共同将花丛装扮得丰盈多姿。

> **在对灌木与月季,或月季之间进行嫁接时,** 必须保证植株已经成熟。

藤本月季生长茂盛,多姿多彩

可将颜色鲜艳的月季混种在一起，但不可超过两种颜色

● 月季与黄杨最容易搭配。无论是灌木月季还是藤本月季，都可以在其前部种植黄杨，并按时修剪。之后可以尝试栽种一些易于养护且生命力较强的花卉品种，但必须严格遵循植株间距要求。

● 需要注意的是，如果在月季开花前无法得知其颜色，那么搭配植株时就需谨慎。为此，需要认真研究以确认嫁接植株的花色搭配，如白色与紫色，白色与红色，或黄色与橘色。粉色系与各种色调搭配都需谨慎。

栽种建议

> **购买前，**可去植物园或向公众开放的花园里观察不同品种的月季，这是了解其形态与花色的最佳途径。

> **选定栽种位置。**最好选择一处光照条件较好的空地，因为月季每天最少需要接受4小时的光照。生命力较强的月季品种也可以在半阴处生长，但开花仍需要充足的光照。

> 栽种前，若土壤较干，需要先浇一遍水。同时还要把月季根部浸入水中5分钟，使根土湿润。若不是在秋末或冬季栽种，则只能购买带有根土的植株，因为根须所携带的泥土有助于移栽植株重新生根。若购买的是裸根植株，必须立即栽种。若土壤结冻或有涝渍，需要先把植株栽种在假植沟里。

> 裸根植株栽种前需要先修剪根部，即剪去少量过粗的根系以及干枯或损伤严重的根须。气生根无须重新修剪，因为苗农此前已经修剪过。

● 随后将根部放入2/3土与1/3水混合成的窝根土中，条件允许的话可掺入少量牛粪或促进根生长的激素（园艺用品商店盒装出售）。植株根部非常需要这种混合型土壤。

● 挖一个较深的坑（深度至少40~50cm），在坑底放入有机肥并覆盖一层土，然后将月季植株放在坑的中央，固定在堆起的垄土上，使根颈部分（根与茎之间的凸节）处于土壤表层。

● 将挖出的土重新填入坑中，微微压实，浇适量水。若在秋冬季栽种幼株，还需往根部培土至茎的15~20cm高处，以防寒。

> 带有土球的植株栽种后成活更快。栽种时需要挖一个较大的坑并松土，随后在坑底放入有机肥并铲土覆盖。

若网购月季植株，需在收货后将外包装拆掉，并尽快栽种在土壤里

使用混合型窝根土的月季植株

● 覆土高度与植株根颈部齐平，可用工具柄垄土以稳固土壤并使深度适宜。

● 月季与灌木植株的根部之间应留有足够空间（根据灌木生长状况，间距为80~100cm或1.5~2m不等，与装饰花丛边缘的黄杨根部应间距40~50cm），避免植株根部因吸收养分而交叉生长。

养护建议

月季的养护方法比较简单。

> **为使植株生长旺盛，应定期施肥。**月季对土壤养分的需求较高。秋季时应准备好堆肥，以供植株生长期对有机肥的需求。荨麻肥也可作为一种长效缓释肥。对于盆栽月季，需要在生长期以及春季至夏末期间施两次有机肥。

> **若月季根部周围长有多年生丛生植物，**则无需除草，否则就要用一层较厚的稻草覆盖苗根（注意，不要用松针层作覆盖层），以防止杂草生长，还可以在夏季保证土壤长时间湿润。

> **按时剪掉枯萎的花以及无花的徒长枝。**

> **往根部浇水，**次数不用太频繁，但每次都要浇透，注意不能弄湿枝条。对于砂质土壤，要改造土壤结构，以改善其蓄水功能。植株栽种后的3~4年，应在每年春、秋季施加堆肥。

> **为预防病虫害，需要做到以下几点。**

● 使用绿肥。木贼堆肥具有杀灭真菌的功效，同时还能对铁线莲根部起到保护作用。荨麻肥具有

滋补作用并能防治蚜虫。聚合草能够驱除粉虱。

● 发现被虫子咬啮的叶片要及时摘掉并扔到垃圾桶里，切记不要随便扔在地面或堆肥上，以防止病虫害传染。

● 可在月季植株下栽种芳香植物（细香葱、鼠尾草、百里香、薰衣草），这些植物同样能驱除害虫。

● 用酒精为用过的修枝剪消毒后，才能为其他月季剪枝，以免病虫害在不同植株间传播。

对月季进行修剪以保证植株生长旺盛且多花

小知识

如果植株未成活或长势微弱甚至逐渐干枯，就不能在同一个地方重新栽种其他植株了，除非将此处至少80cm³的土壤换成其他土。最好将花园里其他种类的月季混合栽种，并改良原始土壤。

> **植株的修剪高度取决于品种。**对灌木月季而言，通常需减去枝条长度的1/3。藤本月季的分枝减去其长度的一半即可，这样植株的外形看上去会更自然、美观。对于枝条向上攀长的植株，冬末时需要将枯枝剪掉，同时修剪其外形；而枝条下垂的植株需在花季过后修剪其外形，秋季或冬末时再清理枯枝。

ROSA 'WESTERLAND', ARTEMISIA 'POWIS CASTLE'

月季与银蒿

藤本月季'西方大地' ↕*1.5~1.8 m ↔**1.5 m ✿*** 5~9月
银蒿'波维斯城堡' ↕50~70cm ✿ 6~7月

你是否喜欢深色的花朵？如果答案是肯定的，那么可以选择栽种半重瓣的藤本月季'西方大地'。它的花瓣为橘黄色，花心为黄色，抗逆性较强，可抵抗多种病虫害。花期长，从夏初至9月底可持续开花，是所有月季爱好者青睐的一个品种。可以搭配种植银蒿'波维斯城堡'，那银光闪烁的叶片既可缓和'西方大地'浓烈的色彩，又能使植株更显优雅、高贵。

如何搭配？

　　藤本月季'西方大地'需要充足的生长空间，可供选择的栽种位置可以是绿篱围成的一角空间，花径尽头的一片空地，也可以是面积较大的一片绿地。这一品种的月季植株生长迅速，很容

银蒿'波维斯城堡'

在露台上

● 这种月季株型较大，最好栽种在花园的露台上或直径较大的高桶状花盆里。如果喜欢这种花色，但没有足够的空间栽种这个品种，可以改为选择被称为'明媚阳光'的野月季（高约50cm）、'琥珀皇后'（高50~70cm）或英国月季'魔力光辉'，它的花瓣为黄色，且散发迷人的香味。

● 银蒿在花盆里生长状况良好，在较热及有风的室外环境中同样可以正常生长。需要注意的一点是，不要使土壤过于干旱，因为蒿属植物虽然耐旱，但长时间处于干旱的环境中，根部无法吸收到植株生长所需的水分，很可能导致根系枯萎。

● 最佳的浇灌方式为喷灌，可以将导水管扎孔，放在植株根部之间，使水喷洒在植株上。根据植株在不同季节对水分的不同需求，可以选择不同的浇灌方式。

易就能长至1.8m左右的高度，同时枝叶向四周不断延伸。而银蒿'波维斯城堡'高达70~80cm，丛径达70~80cm，但外形并不繁重。可将其栽种在灌木花丛的前排，如同一条起装饰作用的束带，也可以将其栽种到花园小径旁边，花团簇拥的小径会被装扮得多姿多彩。如果月季是缘墙生长的，就围绕其种植'波维斯城堡'，这样一来，便为月季增添了另一道色彩，使月季沉浸在银白色的花海中，更具迷人姿态。

如何栽植？

> 土壤：'西方大地'最适宜栽种在土质良好的土壤里，但因其抗逆性较强，也可以将它种在其他土壤中。春季为植株施1次有机肥以促进花蕾的生成。秋季，往土壤中加入一些堆肥或腐殖质（掺入碎

* ↕株高 ** ↔冠幅 *** ✿花期

进自身生长。

> **光照:** '西方大地'与'波维斯城堡'都需要充足的光照，如果天气较为炎热，'波维斯城堡'的枝叶对光照的要求会更高。

> **植物抗逆性:** 这2种植物都耐寒，尤其是'波维斯城堡'，只要保证土壤良好的排水性便可以耐受较低的气温。如果土壤过于潮湿，植株会因根部腐烂而枯萎。

如何养护?

> **藤本月季:** 冬末，剪掉其枝条一半的长度。如果未在此时为植株剪枝，它的生长幅度会相对较小，只能攀缘较短的长度。

> **银蒿:** 冬季要随时将枯萎的枝条剪掉。在植株栽种后的最初几年内，为使枝叶生长繁盛，需要在冬末将植株高度剪至离地面20cm左右。

藤本月季'西方大地'

枝、枯叶、松针）以增加土壤养分。即使较贫瘠、干旱的土壤，只要排水性较好，银蒿也能正常生长，但如果缺少活水，植株是无法存活的。把银蒿栽种在月季周围，可以吸收浇灌月季时的水分来促

小知识

银蒿因其与众不同的叶丛形态而受到人们的喜爱，但该植株很少开花。由于植株喜温和环境，所以在北方种植时需防寒、防冻。如果植株在冬季遭遇低温霜冻天气，只需将受损的枝条从底部剪掉即可。

其他尝试

· 在花色较深的品种中，红色绒质花朵的灌木月季若与银蒿'波维斯城堡'搭配种植，会给人一种和谐的感觉。此外，'波维斯城堡'还可以与'黎塞留主教'或'查尔斯磨坊'搭配，其形态会显得精致而高雅。

· 开蓝色花朵的堇菜与藤本月季'西方大地'栽种在一起能产生简单而协调的美观效果，就像是生长在一起的天竺葵与风铃草。

· 如果想选择一些开白色花朵的植株与深红色的月季栽种在一起，首选应该是丝石竹，这种植物能够开出一层绒球状的花朵，与月季搭配最合适不过了。当然，也可以选择珠蓍'雪球'。它可长至60cm高，并在7~9月开花。

月季与鼠尾草

月季 '雪舞芭蕾' ↕ 50~60 cm ↔ 1 m ✿ 6~9月
鼠尾草 '玫瑰皇后' ↕ 60 cm ✿ 6~8月

'雪舞芭蕾' 整个夏季都会开花，无论栽种在庭院露地，还是盆栽在阳台或露台，都会起到极其美观的装饰作用。在花开最旺盛的时节，白色的花朵紧密地簇拥在一起，几乎覆盖整棵植株。夏季，将鼠尾草 '玫瑰皇后' 与月季 '雪舞芭蕾' 搭配在一起栽种，翠绿的枝条与白色、玫红色的花朵既形成鲜明的对比，又交相辉映，再加上繁茂的外形烘托，呈现出一派繁盛的景观。

装饰秘籍

如果在7月中旬将鼠尾草已开花的枝条减去1/3的长度，花期能够延长至夏末。秋季气温较温和的情况下，新枝条会继续生长并在9月初再次开花。

如何搭配？

'雪舞芭蕾' 可种植在花园的阶地上或假山向阳的一面。刚刚栽种的植株高度只有50cm左右，但到第二年就会覆盖周围1m³左右的空间。鼠尾草 '玫瑰皇后' 能够长至与月季 '雪舞芭蕾' 同样的高度，而且整个夏季，植株上花团簇拥，呈现出一派欣欣向荣的景象。

> 栽种位置：每2棵月季植株根部之间插种1株鼠尾草，两者之间要预留出80cm的距离，使鼠尾草的生长不受限制——要知道，鼠尾草的生长速度是非常迅速的。如果是盆栽，需要选取宽为50cm的长方形花盆，因为 '雪舞芭蕾' 的枝条在长到一

月季 '雪舞芭蕾'

在露台上

● 可将月季种植在直径为50cm的花盆里或更大一些的木桶中。与其他品种的月季不同的是，种植 '雪舞芭蕾' 不需要太深的土壤，只要能够满足根系横向生长即可。

● 如果把鼠尾草扦插在月季花盆中，要求月季植株必须达到1m高，否则就先把鼠尾草单独栽种在直径为50cm的花盆里，然后将花盆摆放在月季的周围或前面，起到装饰的效果。

鼠尾草'玫瑰皇后'

季风大，需要将植株摆放在朝南的位置，温度低于0℃时还需要为花盆包裹保护层。

如何养护?

在月季生长期间，要随时修剪枝条，防止其过于繁盛而影响鼠尾草的正常生长。因此，在栽种时需要合理安排植株的密度。

> 月季: 可以根据需要，在冬末时节将植株的枝条剪掉1/4~1/3的长度。如果植株栽种在花园的一般土壤里，便无需施肥; 如果栽种在假山上较贫瘠的土壤里，则需要在初春时为植株施加1次有机肥。植株上凋谢的花朵，要用修枝剪从花冠根部剪掉。

> 鼠尾草: 花末，将枯萎的花枝剪掉。秋季或冬末，新枝条发芽之前，需要把鼠尾草修剪至齐地的高度。

定长度后会倒垂向根茎部生长。另外，在花盆的四角栽种一部分鼠尾草，既能起到美化效果，又可以有效收拢月季的枝条。

如何栽植?

> **土壤:** 排水性好的土壤是植株生长的有利条件，但这种月季的生命力较强，对土壤的要求并不十分严格。鼠尾草在较贫瘠的土壤中同样能够茁壮成长。然而，长期有水分滞留的硬质土壤却无法保证植株的存活，鼠尾草根部很可能会因腐烂而枯萎。在这种情况下，需要往土壤中掺入一些粗砂或泥炭，秋季时还要施加适量堆肥。

> **光照:** 月季需要充足的光照。在阳光充沛的夏季，月季会开出大量的花朵。鼠尾草同样喜光、喜热，但也能接受半阴环境，因此可以将鼠尾草栽种在温光条件稍次的地方。

> **植物抗逆性:** 无论是'雪舞芭蕾'还是'玫瑰皇后'，都是抗逆性较强的植物，但冬季的生长环境不能过于寒冷。对于露台上的盆栽植株，因冬

其他尝试

在抗逆性较强的月季中，'仙女'是深受人们喜爱的品种。它的花朵为绒球状，花蕾为浅玫瑰色，花朵盛开后会有白色的渐变，植株冠幅可长至1.5m左右。可以选择开蓝紫色花朵的草地鼠尾草与它搭配栽种。

'仙女'

草地鼠尾草

月季与荆芥

月季 '吉莱纳·德·菲利贡德' ↕ 2~4m ✿ 5~10月
大花荆芥 ↕ 70~90 cm ✿ 6~10月

这 是杂交月季中花色最理想、养护相对容易的一个品种。它的花色为浅黄色，与杏黄色相近，可以很好地突出荆芥的青蓝色。

荆芥

在露台上

● 首先栽种月季，后面至少留出30cm的空隙，然后在其根部四周40cm处种植几棵荆芥。若月季植株较大，就在其前部也种植一棵荆芥，荆芥会迅速生长环绕月季周围。

● 要想形成和谐优美的紫色氛围，可选择种植蓝蔓月季，它还能为你点缀一抹白色。

如何搭配？

只需将荆芥环绕月季种植即可。需要注意的是：2种植株之间应至少预留40cm的空间以供荆芥枝条的扩展，因为荆芥每年的生长速度较快，空间太少会阻碍植株的正常生长。同时，月季根部也需要足够的生长空间。月季的植株不高，但蔓延较快，因此最理想的栽种位置是花园里沿墙面延伸的小径旁。当然，也可以将月季种植在篱笆旁。

如何栽植？

> **土壤：** 月季 '吉莱纳·德·菲利贡德' 和荆芥都对土壤无特别要求，只要保证土壤的排水性较好即可。'吉莱纳·德·菲利贡德' 可以在相对贫瘠的土壤中存活，而荆芥甚至能够在岩性土壤里生长。如果想让植株生长旺盛，可以在栽种前加入些堆肥使土壤肥沃，或者在栽种时为植株施加一些有机肥，尤其是露台上的盆栽月季。

> **光照：** 无论是盆栽还是露地种植的月季，都需要接受充足的光照。将月季绑缚在向南墙面、藤架或篱笆上，植株便可以旺盛地生长并开出大量花朵。若将月季种植在温度较高的位置，如被正午阳光直

射的南墙根，开出的花朵会相对较小，但数量会更多。荆芥同样需要充足的光照，因为阳光会增强它的香味。一天之中月季可能会在几小时内遮住阳光，但荆芥完全能够承受这几小时的荫蔽。

> **植物抗逆性：** 这2种植物在大多数地区都可以广泛种植，但最好不要在冬季特别严寒的地区种植。

小知识

荆芥有许多不同的品种，最好挑选大花荆芥和杂交荆芥'六巨山'，'六巨山'比普通荆芥株型更高、更紧凑，花穗更挺拔，有着淡蓝紫色的总状花序，最重要的是它非常容易养护，无须特别的照顾就可以盛放。

如何养护？

植株刚刚栽种后的几年里，在枝叶生长浓密之前，用藁秆或草褥覆盖地面以保持土壤湿润并防止杂草丛生。夏季到来时，如果土壤变得干燥，要适量浇水。

> **月季：** 在生长过程中，要随时将枯萎的花朵摘掉，以保持外形美观，同时也能预防病虫害。在刚刚栽种后的几年，每逢初春时节，要剪掉枝条长度的1/3，这样可以使分枝有规则地生长，植株也因此显得茂盛而浓密。对于绑缚在墙体或篱笆上的藤本月季，要及时将开花的分枝剪掉，避免植株无序生长而显得繁重。

> **荆芥：** 冬末时节，在植株重新发芽生长之前，需要对贴地表的枯枝烂叶进行修剪，保证植株来年可以有序生长。

其他尝试

·薰衣草或分药花同属地中海地区的灌木植物，对温度的要求与'吉莱纳·德·菲利贡德'相似，且都可以承受适度的干燥环境，因此也可以与'吉莱纳·德·菲利贡德'搭配种植。

·许多品种的月季都可以与荆芥搭配种植，尤其像浅粉色的'康斯斯普赖'、亮粉色的'粉色的云'或者浅红色的'樱束'。

'吉莱纳·德·菲利贡德'

月季与美洲茶

月季'达·芬奇'　↕ 1.2 m　↔ 1.2 m　✿ 6~9月
美洲茶'玛丽·西蒙'　↕ 1.2 m　✿ 6~9月

这 2种灌木植物的高度与外形都非常相似，二者交相辉映，互为点缀。月季'达·芬奇'为玫红色，美洲茶'玛丽·西蒙'为粉红色。它们因花色相近而搭配协调，因花形的差异而更具迷人姿色。美洲茶属植物的圆锥花序恰到好处地调和了月季稍显浓密的花朵。

月季'达·芬奇'

如何搭配？

美洲茶是落叶灌木中植株较为纤小但花序紧凑的一类植物，因此成为小花园里常用的多年生灌木植物。又因其花朵浓密，枝叶协调有序，也成为街头巷尾常见的装饰性植物。

> 栽种位置：面积较大的花坛里经常种植这2种植物，既可用于装饰绿篱，也可用于美化布置花园小径。若阳光充足，它们能够以非比寻常的姿色为花园增色不少。可以将月季与美洲茶交替栽种在花园小径旁，展现在眼前的肯定是一条让人流连忘返的梦幻之路。

如何栽植？

> 土壤：土壤松软且排水性好是美洲茶生长的良好条件。如果土壤养分不足，需要每年为月季施1次堆肥。

> 光照：为植株选择一处光照条件较好的位置，这样就能够在整个夏季观赏到满园花朵尽情开放的美丽景象。

在露台上

● 这2种植物都能够长至1.2m高，加上枝叶繁茂，花簇紧拥，会引来一群群蝴蝶在花间飞舞，呈现出一派浪漫气息。

● 盆栽时，需要选取高至少为60cm的花盆或花池，土壤深度要能够满足植株正常生长的需要。为使植株生长更加旺盛，最好选择一处光照条件较好且避风的位置。

● 在花园中，最好直接将植株栽种在平地上，注意避开石板地面。月季与美洲茶的种植会为你的花园添姿添彩。

美洲茶'玛丽·西蒙'

样就不需要进行除草或频繁浇水等繁重工作了。

> **月季：**作为灌木类植物，月季多分枝，因此只需保持较稀疏的枝叶即可。在冬末时节，植株尚未重新发芽时，剪掉枝条1/4的长度，同时剪去干枯以及易断的枝条。

> **美洲茶：**每年春季都要大幅度剪枝（大约剪掉原枝条的3/4），这样重新长出的枝条便会紧致且花蕾较多。由于当年长出的新枝才会开花，因而在修剪时既要保持植株外形的美观，又要维持灌木植物浓密的特征。可在栽种时往土壤里掺入些肥料以增加土壤肥力。如果土壤较硬或微黏，就加入些粗沙，这样可以起到松土的作用。

> **植物抗逆性：**月季的生命力比较顽强，但要尽量避免使植株长期处于严寒冰冻的环境中，美洲茶'玛丽·西蒙'同样如此，而且'玛丽·西蒙'比其他美洲茶属植物的抗冻性还要更弱一些。通常情况下，'玛丽·西蒙'更倾向于生长在温暖、湿润的地中海气候或海洋性气候环境中。

如何养护？

植株栽种后，可铺一层5~8cm厚的稻草，这

其他尝试

六道木

· 可以选择六道木属植物作为第三种搭配植物，但要选择开白色花朵或深紫色花朵的品种。

· 浅玫瑰色或浅胭脂红色的月季品种与美洲茶搭配同样和谐美观。'克莱门特的美女'可抵御多种病虫害，叶片呈圆齿状，整个花期内花朵盛开，且散发花香，因此成为人们常选的搭配植物。

· '玛丽·西蒙'是美洲茶中最受欢迎的一个品种，花色通常为玫瑰色，但也有珍珠粉色的品种。

装饰秘籍

月季'达·芬奇'与美洲茶'玛丽·西蒙'也可以作为切花插在花瓶中供观赏，但为美观起见，需要适当修剪一部分枝条，还可以再插入一些荚蒾属植物的枝条，使整体显得整洁而和谐。

ROSA 'RHAPSODY IN BLUE', *ROSA* 'Mᴹᴱ ALFRED CARRIᴇRE', *ROSA* 'CORALINE'

月季'蓝色狂想曲'、阿尔弗雷德·卡里埃夫人'与'卡罗琳'

月季'蓝色狂想曲' ↕ 80~100 cm ↔ 80 cm ✿ 6~10月
月季'阿尔弗雷德·卡里埃夫人' ↕ 4~5 m ↔ 4 m ✿ 6~11月
月季'卡罗琳' ↕ 2~3 m ↔ 2 m ✿ 5~10月

这 3种月季的花期可以从6月持续到霜降时期，为花境带来不同的观感，因此，既可用于装饰建筑物墙面、绿廊，又可作为玫瑰花圃里的衬托植物。'阿尔弗雷德·卡里埃夫人'和'卡罗琳'均为攀缘型，'阿尔弗雷德·卡里埃夫人'的花色为白色，'卡罗琳'的花色为红色。'蓝色狂想曲'的株型较矮小，花色为蓝紫色，并且具有浓郁的花香。

'阿尔弗雷德·卡里埃夫人'

如何搭配?

　　这几种月季都各具优势，任意2种都可搭配种植，例如，'卡罗琳'与'阿尔弗雷德·卡里埃夫人'都属于藤本月季，可沿墙壁、拱门、绿廊攀缘生长。'蓝色狂想曲'为灌木月季，枝叶浓密，香味浓郁，同样可以靠近墙壁、拱门或绿廊栽种，从而起到美化墙壁、装扮拱门、增添花园蓬勃生机的效果。如果将这3种月季一起种植，收获的将是完美的色彩搭配、沁人心脾的花香与生机勃勃的氛围，实在是不可多得的一幅自然画卷。

> 栽种位置: 可选择一个面积较大的支撑面栽种，比如建造在野外的房屋的墙壁，或者花园的围栏。如果月季的枝条能够沿着阶地或阳台的护栏攀缘

'蓝色狂想曲'

'卡罗琳'

生长，就更为理想了，因为月季的枝叶会将护栏包裹起来，如瀑布般倾泻而下。

栽种时，'卡罗琳'与'阿尔弗雷德·卡里埃夫人'之间要留出2m左右的间距，并且距离墙面等支撑面40~50cm。将月季的枝条缠绕在支撑体上使其攀缘生长。'蓝色狂想曲'可栽种在'卡罗琳'与'阿尔弗雷德·卡里埃夫人'正中间，或靠近二者之一。

如何栽植？

> **土壤**：每年为土壤施肥以保持土壤肥力，月季植株便能够生长良好且拥有较多的花蕾。此外，还要保持土壤疏松，深度适宜。夏季应按时浇水保持土壤湿润——为此可铺设一层草席，防止土壤水分过度蒸发，注意不要使用松木树皮，因为松树皮会妨碍月季的生长与开花，最好使用亚麻的枝叶或荞麦

壳铺盖地面。

> **光照**：这3种月季在光照充足的条件下，花朵都能够大量盛开，因此，应挑选一处能够接受充足光照的位置种植。尽管'阿尔弗雷德·卡里埃夫人'一年四季都可正常生长，但也要保证充足的光照。

> **植物抗逆性**：这3种月季的抗逆性都非常强，可在多种环境中存活。尽管如此，在植株栽种后的最初2年内，还是要注意防冻。若冬季较长且相对较严寒，需要为植株铺上一层覆盖物，防止幼枝因冻害而变成灰色。

如何养护？

如果气候较干燥，要记得随时浇水，以防止植株根部缺水。如果已经为土壤覆盖了一层草席，每周只需浇1次水即可，即便在夏季，浇水也不能过多，以使根部尽量往深处生长。

> **'阿尔弗雷德·卡里埃夫人'与'卡罗琳'**：随着2种植株的不断生长，要将枝条捆扎，但不要捆得太紧。凡是能摘得到的凋谢的花朵都要摘掉。冬末，将1/3侧枝的长度减去一半。

> **'蓝色狂想曲'**：每过两三天要将凋谢的花朵摘掉，这样就能保证整个夏季植株上都开出鲜艳的花朵。冬末，在植株恢复生长之前，要将原枝条剪掉1/3的长度。

小知识

'阿尔弗雷德·卡里埃夫人'具有浓郁的花香，攀缘性强，且对朝向无特殊要求。它能在较贫瘠的土壤中生长，且在半阴环境中同样可以开花，但在光照充足的条件下花朵会愈加鲜艳多姿。'卡罗琳'最高可达3m，冠幅仅2m左右，而'阿尔弗雷德·卡里埃夫人'高可达4~5m，冠幅达4m。

在露台上

● 如果露台上有一面足够高、足够宽的墙，满足枝条攀缘生长的要求，就可以选择栽种这几种月季。比如，可以将植株栽种在玻璃窗附近，然后将枝条架起，使它沿窗口攀缘生长。如果空间较大、较宽敞，应悉心侍弄一两根枝条使它引导整棵植株向上生长。

● 也可以把灌木月季栽种在足够高、足够宽大的花盆或花桶中，无论选择哪种栽培用具，其高度都应达到0.6~1m。

月季与薰衣草

月季 ↕ 0.6~6 m, 具体参见不同品种　❀ 5~10月, 具体参见不同品种

薰衣草 ↕ 40~60 cm　❀ 5~8月, 具体参见不同品种

月季与薰衣草搭配栽种, 无论是藤本月季还是灌木月季, 都会获得令人满意的效果, 因为月季与薰衣草的花色与花形搭配起来是无与伦比的。此外, 薰衣草的花香还能为月季驱走蚂蚁和蚜虫, 起到预防虫害的作用。

如何搭配?

薰衣草直立的花穗与浓密的灰绿色枝条给人一种繁茂的印象, 月季花从薰衣草浓密的花枝中脱颖而出。月季略显光秃的枝条经薰衣草的遮盖, 少了几分粗糙, 多了几分雅致, 二者交相辉映, 组成一幅引人注目的美好图景。为达到最理想的搭配效果, 最好将玫瑰色、黄色或白色的月季与蓝紫色的薰衣草搭配栽种。

如何栽植?

> **土壤:** 种植薰衣草应选择较干燥且较贫瘠的土壤, 这样才能使薰衣草的花香更浓郁, 枝叶更繁茂。而月季更适宜生长在肥沃的土壤中, 并且要保证充足的水分。为使2种植物都能够正常生长, 最好选择抗逆性较强的月季品种, 将植株栽种在花园里排水性较好的土壤中。

> **光照:** 充足的光照是薰衣草与月季生长的良好条件, 因此要选择一处光照较好的位置种植。为使植株具有良好的生长条件, 应避免移栽, 因为这会对月季造成较严重的伤害。

> **植物抗逆性:** 月季普遍具有较强的抗逆性, 有些品种甚至因极好的抗寒性而著称。薰衣草则喜欢温和的环境。

如何养护?

> **月季:** 在植株生长过程中要随时将枯萎的花摘掉。花期过后, 有些枝条在冬末会停止生长, 这时需要将这些枝条剪掉。秋季, 建议修剪一下干枯或娇弱的枝条。

> **薰衣草:** 花期过后需要尽快将凋落的花枝剪去一段, 只留茎部即可。冬末, 用修剪刀将枝叶剪去一半的长度。每年都要进行修剪, 以免植株过度生长而显得繁重。

在露台上

● 在露台上, 月季与薰衣草是最美观的植物搭配组合之一。应把植株种在直径较大且较深的盆里, 使其根部充分生长。

● 最好选择灌木月季或小型藤本月季, 以防植株庞大的枝叶占据有限的空间。若想整个夏季都能看到花朵, 可选择四季开花的月季品种与狭叶薰衣草搭配种植。

薰衣草

藤本月季与薰衣草 ➤

月季与黄杨

月季'藤冰山' ↕80~120 cm ↔ 80 cm ✿ 6~10月
锦熟黄杨 ↕40~70 cm ✿ 4~5月

月季'藤冰山'与黄杨的搭配非常雅致，无论是在城市花园里，还是乡间的花田中，这2种植物都能够在百花丛中脱颖而出。'藤冰山'从每年的6月开始直至冬季霜冻时节，洁白的花朵一直绽放，经绿色茎叶的衬托更显高雅。它是花簇较为密集且抗逆性最强的月季品种之一，恶劣的天气也很少会对植株造成严重的危害。

如何搭配？

可以通过几种不同的方式将这2种植株插栽得更加美观，形成一面花墙。可以将黄杨环绕月季栽种，也可以先对黄杨进行一番造型修剪（即把黄杨植株修剪成自己喜欢的外形），再把它与'藤冰山'搭配栽种在一起，根据个人喜好设计出不同的植株造型，使月季变得更加与众不同。

如何栽植？

> **土壤：**无论土壤肥沃还是贫瘠，只要排水性较好，黄杨就能正常生长，因为黄杨对土壤养分的要求不高，但不能长期生长在潮湿的土壤中。相反，月季需要肥沃的土壤才能保持良好的生长态势，因为月季花整个夏季都能开放，直至秋末才凋谢，这就需要为植株提供充足的养分。如果希望月季一直生长旺盛，就将它栽种在花园里肥沃的土壤中。

> **光照：**黄杨能够在半阴环境中生长。月季只有在

黄杨环绕的'藤冰山'

黄杨

在露台上

● 如果是盆栽，为保证这2种植物插栽成功，需要选取体积较大的花盆，高度与直径都至少为60㎝，因为月季需要较深的土壤来满足根部的生长。对于黄杨而言，最好选择植株较矮且生长速度较慢的品种，以保持盆栽的美观。

● 首先栽种月季，然后在月季周围栽种带有土团的黄杨。

● 如果露台空间较小，需要先将2种植株分别栽种在花盆中，然后再将二者搭配在一起，这样既美观，又可以保证植株正常生长。

光照充足时才能开花，并且需要避开气温过高的地方，如正南朝向的庭院，墙面反射的阳光会大幅度提高周围环境的温度，并使空气更干燥，这会对月季造成危害。

> **植物抗逆性**：'藤冰山'抗逆性较强，且能抵抗风雪等恶劣天气。但黄杨不能抵御严寒，冬季应及时抖落枝叶上的积雪以防枝叶凋零。

如何养护？

> **月季**：要随时将干枯的花朵摘除。每逢秋季，为植株根部施加一些堆肥以增加土壤肥力。对于盆栽植株，应在春、夏季施加有机肥。当土壤较干时要为植株适量浇水，注意是往根部浇水。冬末，将枝条长度减去1/3以保持植株外形紧凑。

> **黄杨**：无论是作为月季的边饰植物，还是将其修剪成球形或其他形状，黄杨每年通常需要修剪2次。第一次在春末，第二次在夏末或初秋。为避免植株外形过于繁重，需剪掉1/2的新枝。

'藤冰山'的双重花瓣

其他尝试

· 黄杨可以与许多植物搭配种植，更是月季最理想的搭配对象，二者搭配既可以把花坛装扮得多姿多彩，也可以为小花园增色不少。若黄杨植株较高，低矮的小灌木月季在其遮掩下更显一种神秘感；若黄杨植株较低矮，那么最好选择高一些的灌木月季与其搭配。

· 如果你喜欢艺术造型，那么你可以自由想象植株的外形，用高度相似的黄杨与月季铺设出一条花毯，打造出一种与众不同的造型。或者用黄杨做铺陈，月季为主打，以黄杨的绿色枝叶装扮月季娇艳欲滴的花朵。

月季与老鹳草

月季 '百年卢德宫'　↕90~120 cm　↔1.2 m　✿ 5~10月
老鹳草 '罗珊'　↕40 cm　✿ 5~11月

粉红色与浅蓝色搭配总是给人眼前一亮的效果。月季 '百年卢德宫' 花朵繁密，远远地就能看到它那缀满花朵的花冠。与 '百年卢德宫' 搭配最相宜的老鹳草是 '罗珊'，它的花瓣向四周展开，花心为白色，花瓣为蓝色并缀有紫色条纹，与粉红色月季搭配最合适不过了。

如何搭配？

这2种植株占用的空间都不大，可以栽种在许多地方。1株月季只需要用两三棵老鹳草搭配。如果将3株月季与十几株老鹳草栽种在一起，它们能够将花园里的小径装扮得多姿多彩。

'百年卢德宫' 娇嫩而鲜艳，无论城市花园还是乡间花圃，它都是最理想的月季品种。它从5月开始开花，花期能够一直延续到霜冻时节。植株高约1m，可抵抗多种病害。

> **栽种位置：** 如果多株月季一起栽种，需要相互间

老鹳草 '罗珊'

在露台上

● 如果是盆栽植株，首先应选用体积足够大的花盆（深度至少为60cm，直径为0.8~1m）。在种好月季之后，围绕月季四周栽种老鹳草，间距40cm左右。如果露台面积较小，那么只栽种1株老鹳草即可，也可以将2株老鹳草分别栽种在其他花盆里，再将花盆摆放在月季旁边或前面。

● 将这2种植物栽种在绿篱前最好不过了，但不能是风口处，这样会对植株造成很大的危害。如果绿篱后面有网状物遮蔽，便万无一失了。

隔至少80cm。老鹳草 '罗珊' 能够长至40cm高，其浓密的蓝色花朵会环绕月季起到装饰作用，花期同样从5月持续至霜冻时节，因此，这种植物组合有4个多月的时间都在开花。如果平时工作繁忙，抽不出太多时间打理花园，那么 '百年卢德宫' 与 '罗珊' 不失为一种理想的选择。

如何栽植？

> **土壤：** 这2种植物在大多数土壤中都可以正常生长，但最好选择肥沃、透气性较好的松软土壤。在需要的情况下，可以为土壤施加些有机肥以增加土壤养分。注意不要使用致密性太强的土壤。夏季土壤不能过于干燥，冬季也不能过于潮湿。

> **光照：** 充足的光照是植株生长的理想条件。但光线不能太强，否则会导致叶片甚至花朵枯萎。

> **植物抗逆性：** 月季与老鹳草都属于抗逆性较强的植物。对于露天生长的植株，冬季要为其遮盖一层防护网以防冻害。尽管植株抗逆性较强，但在寒

月季 '百年卢德宫'

冷而漫长的冬季, 这道防护工作还是有必要的。

如何养护?

如果土壤较干, 需要按时为植株浇水, 尤其是在植株刚刚栽种的前两年。只有保证充足的水分才能使植株更快生长。

> **月季:** 月季生命力较强, 无须特别呵护, 每年只需要为其松1次土, 并适当修剪一下枝条即可。如果不希望植株长得太高, 就要在每年重新发芽之前剪掉枝条一半的长度。随时将枯萎的花朵剪掉以免影响美观或妨碍植株生长(夏季尽量每3天检查一下是否有枯萎的花朵)。

> **老鹳草:** 生命力顽强, 可以省去任何特殊呵护。冬

季结束时, 只需将植株剪至齐地的高度即可。在冬季较为寒冷的地区, 要在秋季为植株剪枝, 并铺盖一层较厚的草褥。这层由枯叶等组成的草褥会在冬季腐化, 既有助于植株防寒, 又能够增加土壤肥力。

其他尝试

• 月季 '百年卢德宫' 也有开白色花朵的品种。可以将开白色花朵的月季与开蓝色花朵的老鹳草栽种在一起, 同样会收到满意的效果。

• 老鹳草 '罗索·普里查德' 的花期能够延续至10月, 具有较高的装饰性, 可以尝试栽种。

老鹳草
'罗索·普里查德'

小知识

老鹳草 '罗珊' 横向生长较为迅速, 因此植株之间应保持约50cm的株距。随着植株的生长, 两三年后, 根系会交叉在一起, 几乎覆盖整片土地。

月季与铁线莲

月季 '龙沙宝石' ↕ 2~4 m ↔ 2 m ✿ 5~10月
铁线莲 '红衣主教' ↕ 3~4 m ✿ 6~9月

长久以来，月季与铁线莲的搭配就是花园里不可或缺的美景之一。把月季 '龙沙宝石' 与铁线莲 '红衣主教' 共同栽种在墙根下，呈现在眼前的将会是一道高雅别致的花丛。'龙沙宝石' 颇具古典美，浅粉色的花朵镶嵌在深绿色的叶片中，色彩搭配恰到好处。待植株成熟，花朵盛开时，铁线莲的红色花朵与月季的粉色花朵相互交叉，层层镶嵌，相得益彰。

'红衣主教'

'龙沙宝石'

如何搭配？

无论是在北方地区，还是南方地区，都能够发现 '龙沙宝石' 的身影。根据土壤性质的不同，它的花朵颜色会有深浅的差别。这种月季与铁线莲都属于攀缘植物，而且花朵接连不断地开放，一直持续到9月，因此，整个夏季都能够欣赏到花朵盛开的美景。如果栽种在墙根下，植株会沿着墙面迅速攀缘生长，直至遮住整个墙面。可以将这2种植株栽种在篱笆墙边，也可以将它们栽种在房子的一面墙体附近，但要避开两扇窗之间的位置，因为这2种植物的攀缘性强，生长迅速的枝叶会将窗户遮住而影响采光。此外还要避开房屋檐槽周围，因为持续潮湿的环境不适于铁线莲生长。

> **栽种位置:** 月季与铁线莲最理想的栽种位置当属围墙旁。如果围墙全部由石块垒成或者部分为石块，会使植株的装扮效果更为突出。如果条件不允许，可以将植株栽种在绿篱周围，可将月季栽种在一侧，铁线莲栽种在另一侧。如果绿篱足够长的话，也可以在绿篱的同一侧交叉栽种月季与铁线莲。无论选择哪种栽种方式，植株的枝条都

会相互交叉，较长的枝条甚至会垂下来，为植株更添一层美感。

如何栽植？

> **土壤：** 尽管松软、肥沃的土壤是攀缘植物生长的良好条件，但这种月季与铁线莲可以在花园里各种土壤条件下正常生长。如果土壤较贫瘠或多孔，可以每年为植株施加一些堆肥，既可以改善土壤肥力，又有助于植株更加旺盛地生长。在栽种时，可以在根系底部添加些有机肥。如果土壤黏性较大且较为紧实，栽种时需要把种植坑挖得足够深、足够宽，并可在底部掺入些粗砂或小石子，以改善土壤性质。秋季为植株施加些堆肥，可以使花瓣上的纹路更清晰。

> **光照：** 选择一处光照充足的位置栽种，最好能使植株每天接受几小时的直射阳光。白天铁线莲可以耐受一段时间的半阴环境，而月季每天至少要接受6小时的光照才能保证花朵开放。为保护铁线莲根部不被光线过度直射，可在其底部栽种一小株灌木植物，其繁茂的枝叶会对铁线莲根部起到有效的遮挡作用。

> **植物抗逆性：** 无论是月季还是铁线莲，都具有较强的抗逆性。在冬季气候严寒的地区，要为月季根部培土，并用枯叶或稻草铺盖一层较厚的草褥。最

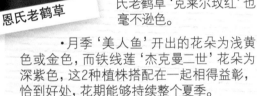

恩氏老鹳草

其他尝试

• 为把植株装扮得更加精致，可以在这2种攀缘植株根部附近栽种一些多年生常绿植物，打造成一片生长茂盛的绿色基底。月季的红白色花朵与风铃草小巧玲珑的花朵交相辉映，再加上墙体上生长的飞蓬，那茂盛的枝叶恰到好处地装扮，使整棵植株呈现出一派生机勃勃的景象，而恩氏老鹳草'克莱尔玫红'也毫不逊色。

• 月季'美人鱼'开出的花朵为浅黄色或金色，而铁线莲'杰克曼二世'花朵为深紫色，这2种植株搭配在一起相得益彰，恰到好处，花期能够持续整个夏季。

后也要为铁线莲铺盖一层草褥。

如何养护？

栽种铁线莲时需要加倍小心，但植株一旦成活，即便生长环境不理想，也依旧能够正常生长。可以挖一个深为50cm的种植坑，在底部放入15cm深的石子，培土的深度约为20cm，最少不能低于15cm，最后再用含有腐殖质的松软土壤覆盖。

> **月季：** 冬季末期，只需将主枝稍作修剪，对于侧枝，可以剪掉一半的长度，以减少冗枝繁条。当发现有枯萎的花朵时，必须及时摘掉，以免影响植株的整体美观。

> **铁线莲：** 冬季末期，要将1/2的枝条剪至离地面50cm的高度使枝叶分出层次，但在霜冻较严重的情况下，需要将所有枝条全部剪掉，同时要适量浇水。

在露台上

● 这2种攀缘植物若栽种在花盆里同样可以正常生长，但需要保证足够的生长空间。月季的枝条需要较好的通风条件，不能过于紧密。若枝叶太过紧密可能会受到病虫害的侵害。

● 盆栽时，花盆的深度至少要为60cm，以使根系充分生长。植株的底部可以栽种一些灌木植物，主要还是为了保护铁线莲的根部不受光线直射。可以选择生长旺盛的黄杨。

小知识

栽种时要先将月季种好，然后在距离其1.5m的位置栽种铁线莲，这样2种植株便会有序地生长，而不会在生长过程中变得臃肿杂乱。

变色月季与金丝桃

变色月季 ‡ 2~3 m ↔ 2.5 m ✿ 5~10月
金丝桃‘紫果阿尔伯尼’ ‡ 80 cm ✿ 6~9月

这 2种植物的搭配能够将花园里最偏僻的角落装扮得绚丽多姿。它们的花朵在一年中的大部分时间都能盛开。变色月季作为一种传统植物，既保持了原始特色，又能够全年开放；而金丝桃则容易种植，生长速度之快让人难以置信。这2种植物搭配在一起实在是让人身心愉悦的首选。

如何搭配？

这种变色月季能逐渐长成伞状，外形美观，而且极少遭受病虫害的侵害，因此长久以来就一直是乡间花圃里不可或缺的元素。此外，它还具有一大优点：可以移栽在许多地方，无论是光照充足还是半阴环境，无论是房屋旁边还是花园小径旁，都能够起到很好的装饰作用。它还能够耐受高温环境，在许多植物都无法成活的南部地区，它也可以顽强地生长。它的花朵虽小，却可以在开花的不同阶段呈现3种不同颜色（花蕾期为浅黄色，随后变为赤褐色，最后为玫瑰色中伴有黄色斑点）。由于这种月季的花朵颜色特别，而且只有一半枝叶能够保持四季

变色月季

常青，所以较难与其他多年生植物搭配，但它的叶片作为边缘装饰则恰到好处。若与金丝桃‘紫果阿尔伯尼’搭种在一起，能够呈现如此特色：月季半数的绯红色枝叶略显俏皮，‘紫果阿尔伯尼’黄色的小花瓣与变色月季嫩黄色的花心相互呼应。

> **栽种位置：** 金丝桃两两之间应保留60cm的株距，这样整体上会更加紧凑。月季与金丝桃之间应最少保留80cm的株距。

装饰秘籍

金丝桃的种类繁多，或为多年生植物，或为灌木植物，或同时为多年生灌木植物。

金丝桃‘紫果阿尔伯尼’

桃对光照的需求很少，但一天内几缕阳光的照射也能够促进植株生长。因此，把金丝桃栽种在变色月季周围，一方面变色月季可以为金丝桃遮蔽多余的光照，另一方面金丝桃又恰到好处地装饰了变色月季的根部，让其在充足的光照下旺盛生长。

> **植物抗逆性**：相比之下，金丝桃的抗逆性更强，因为月季不适合在严寒的冬季生长，它虽然也能够耐受-15℃的低温，但不能长时间处于霜冻环境中。不要把植株栽种在风大的地方，这是防止植物在冬季霜冻期遭受冻害的最佳方法。

如何养护？

记得按时为植株浇水。在干旱季节以及朝阳的位置，需要一直保持土壤湿润。

> **月季**：冬末，要将枝条顶端剪短，或者可以把月季单独栽种在一个地方，让它自由生长几年时间，但要保证通风并随时剪掉枯萎、遭受冻害以及杂乱无序的枝条。

> **金丝桃**：这种小灌木植物不需要特殊的养护，修剪乱枝是唯一需要做的工作。

在露台上

变色月季与金丝桃的搭配组合适宜栽种在花园的大露台上，因为这种灌木月季的体积比较大，最好能采取适当措施防止植株无序地膨大。在露台的边缘可以插一圈篱笆，金丝桃能够将底部覆盖，显得郁郁葱葱。

如何栽植？

> **土壤**：变色月季在排水较好的普通土壤中就能够正常生长，但如果在土壤中加入了腐殖质，植株会生长得更加旺盛，开出的花会更多。此外，无论是变色月季还是金丝桃，都能够在酸性土壤中生长，因此花岗岩质的土壤同样能栽种这两种植物。

> **光照**：变色月季在光照条件较好的位置开出的花朵会更多、更鲜艳，因此，要避免半阴的环境。金丝

其他尝试

·如果想选择其他植物代替变色月季，可以选择异味月季‘双色花’。虽然它不具有四季开花的特点，但也可达到同样新颖别致的效果。它的花为红色，花瓣边缘为黄色或橘黄色，与金丝桃搭配也非常合适。

·如果空间比较小，可以选择月季‘杰斯特·乔伊’，它可以与高约30cm的金丝桃植株栽种在一起。

月季与八宝景天

月季 '玛丽雅·丽莎' ↕4~6 m ↔3 m ✿ 6~7月
八宝景天 '卡门' ↕50~60 cm ✿ 8月至次年1月

———— 种是多花但并非四季开花的藤本植物，一种是作为边缘装饰的景天属植物。前者在夏初开花，而后者在夏末才开始开花，这2种植物搭配栽种，花朵能够连续开放，由鲜红色到绯红色，好花连开，美不胜收。此外，在景天植物开花之前，那嫩绿色枝叶与月季的鲜红色花朵搭配也十分相宜。

如何搭配？

这2种植物无须过多的照料，便可以在几年内保持良好的生长态势。月季 '玛丽雅·丽莎' 的枝叶较为茂盛，花瓣为鲜红色，花心为白色。它不会四季开花，但在夏初花期到来时，花团锦簇，蔚为壮观，是花园里不可缺少的一道美丽风景线。

它能够抵抗多种病害，具有顽强的生命力。花茎无刺，表面光洁。

八宝景天 '卡门' 同样是生命力极其顽强的植物，而且生命周期很长。竖直生长的叶片环绕在玫瑰色花朵周围，既有保护作用，又有装饰功效。

> **栽种位置：** 这2种植物最美观的种植方式是把属于藤本植物的月季 '玛丽雅·丽莎' 栽种在矮墙上，使其枝条沿水平方向蔓延而非一直长高（原始高度为40cm的植株可长至1.2~2m高），或者使植株沿网格状的篱笆攀缘生长，然后将 '卡门' 栽种在其脚下。当然，'玛丽雅·丽莎' 同样可以攀缘树干生长，然后将景天 '卡门' 围绕树干栽种。如果树干足够粗壮，就可以发挥与篱笆一样的支撑作用。

如何栽植？

> **土壤：** 肥沃而深厚的土壤既适合月季生长，也能

八宝景天 '卡门'

'玛丽雅·丽莎'

满足景天的需求。花园里土质较好的土壤最有利于这两种植物的生长。但即便是普通土壤，只要土层较深厚，而且每年都为其施加一些堆肥以增加肥力，同样能使植株旺盛生长。可以在植株根部周围铺一层草褥，这样可以免去除草的烦恼，夏季还可以防止一次浇水太多而四处漫溢。植株繁茂的枝叶会逐渐将地面覆盖。

> **光照**：充足的光照对这2种植物来说是必要的。虽然景天也喜光，但如果将植株栽种在墙根下，它也能够接受一天中某时段的半阴环境。

> **植物抗逆性**：无论是月季还是景天，都具有极强的抗逆性，可抵御多种病害。

如何养护？

即便是在雨水较多的春夏季节，当土壤较为干旱时，也要及时为植株浇水。

> **月季**：在植株生长过程中，要适当绑缚枝蔓以防其无序生长，但不要捆绑得太紧，否则会阻碍植株的正常生长。枯萎的花朵要随时摘掉，最好用修枝剪从花冠底部轻轻剪掉，注意不要伤害到其他枝叶和花瓣。如果月季植株是沿着树干生长的，就不需要剪枯萎的花朵了，它们会自行掉落。每三四年就要把枯枝、老枝剪掉，从而使植株更好地繁殖更新。

在露台上

● 可以将月季栽种在露台的边缘，使它沿着护栏攀缘生长，很快它的枝条便会蔓延整个护栏。'玛丽雅·丽莎'的枝条几乎无针刺，不会对人造成伤害，便于人们对处于生长期的植株进行照料。

● 可以将植株栽种在体积较大的花盆里，土壤深度要能够满足植株根系生长的需要（深度不能低于60cm）。

● 可围绕月季每隔50cm栽种1棵八宝景天'卡门'。如果是盆栽植株就将花盆沿护栏摆放，间距尽量相同，为植株留出足够的生长空间。

> **景天**：冬末（寒冷地区则是在秋末）只需将植株修剪至与地表齐高，不用再做其他护理工作。花朵能够开放很长时间，即便是枯萎的花朵也具有一定装饰作用，最后花朵会从花冠底部完全凋谢，秋末将其剪掉。

其他尝试

·白色或粉色的地被月季'希望''飞毯'同样可以搭配沿树干攀缘生长的月季'玛丽雅·丽莎'。开蓝色花的蓝盆花属植物与开白色花的丝石竹也能够用它们淡雅的花朵为月季带来清新的气息。

'塞德里克·莫里斯爵士'

·在所有藤本月季中，'塞德里克·莫里斯爵士'开白色小花，'保罗的喜马拉雅麝香'花朵为淡粉色且散发花香，这2个品种的月季都开放得极为热烈而美观，装饰效果较强。

与灌木的搭配种植

　　灌木是花园的主要景观元素之一，它既突出了花园的特色，又增加了花园的内涵，虽略显拥挤，却毫无杂乱之感。无论花园面积大小，即便是城市里寸土寸金的小花园都会因灌木的存在而倍增美感。将不同品种的灌木栽种在一起，或者与其他多年生植物搭配栽种，便可以将枝条与花丛搭配出各种组合，从而打造出不同的花园结构，实为花园不可或缺的元素。

首先，应明确可利用的空间

> 根据建筑面积的大小，选择灌木品种。 对于枝叶从根部至顶端都较茂盛的品种，其枝蔓的宽度与生长的高度相仿。其他种类的植株则呈金字塔形，即底端较宽大而顶端枝叶逐渐减少。有些灌木贴地生长，植株较矮，而枝条蔓延的范围较大。然而，最重要的是，需要预先明确可利用的空间大小，以及选择哪些品种的灌木来栽种和栽种的数量，既要美观，又要布置恰当。在确定了植物种类以及栽种面积后，就可以根据自己的喜好来搭配植株了。

> 参考植株标签或图册，对成年植株的体型有大致了解。 然而，也不能完全相信某一标签上标明的植株大小，要综合参考不同的信息来源。因为有些标签指明的植株高度与宽度是植株生长10年后的标准，而如今随着花园面积的不断缩小，成年灌木植株的实际大小往往与标签上的数字是不同的。

> 2种或2种以上灌木搭配栽种的组合，可以打造出多种不同的独特景观。 它们被设置在不同的场景中，比如，爬满藤蔓的墙壁，花草环绕的露台，作为装饰的篱笆墙，欧石楠丛生的花坛等。选取的植物要与所装饰的场所相协调，可以将形态、高度相同而枝叶各异的灌木搭配在一起，或者用另外一种不同形态的灌木来搭配，营造出更加丰富多彩的景观。

　　将灌木简单地并排种植是无法从整体上营造

盛开的杜鹃花

出美观效果的。栽种前，要充分考虑品种、花朵与枝叶的颜色搭配、外形的塑造等因素。最好将外形与花色能够互补的植株进行搭配，如将攀缘植物与灌木植物搭配，直立生长的植株与向四周扩张的植株搭配。

> **搭配植物与灌木常年共存是很容易实现的。** 需要选择与灌木生长所需土壤条件相同，且对养分需求不大的品种。如果所选植物对养分需求很大，会影响灌木植物的生长。搭配植物的形态应对灌木植物起到装饰作用，或者遮盖其较为光秃的根茎，或者为其茂盛的枝叶增添生机。此外，2种植物的花色以及叶片颜色应相宜，这样才能保证整体的美观效果。

> **在露台上，** 盆栽灌木的高度会更低一些，体积也更小，根部生长受到一定的限制，即使为土壤施加一些有机肥，植株也不会明显增长。虽然可选择的植物种类很多，但最好不要选择生长较快的品种，如接骨木。

栽种建议

> **选购植株时，可以选择栽种在小花盆里的灌木幼株或生长在大花盆里的老植株。** 可以根据自己照料植物的耐心程度来选择所要栽种的植株类别，幼株相对较便宜，老植株则较贵。需要知道的是，幼株比老植株吸收养分更快，生长速度也较快。在花园里，最好栽种幼株，但如果布置景观时需要已经长得旺盛的植株，则另当别论。相反，在露台上，最好栽种较老的植株，从而营造出一种郁郁葱葱的景观，而且茂盛的枝条能够很好地遮挡外部的视线，保护隐私。

> **选择枝条完整的植株，** 最好不要有枯萎、有斑点或折断的枝条，这样可以免去修剪植株的负担。同时还要检查一下根部生长状况，根系不能长到花盆外面，否则植株移栽到花园里很难成活。因为植株的根系受空间限制而蜷缩在一起，移栽后一段时间里很难伸展开来，会影响植株的成活。

> **栽种时要保持适当的株距。** 事实上，植株根系生长对空间的争夺非常严重，如果在预留间距上有所疏忽，很可能影响植物的生长，导致其生长较慢或孱弱，影响美观，甚至

秋季，灌木丛中五彩缤纷的景色

地栽灌木植物时，所挖的种植坑直径应比
花盆直径大2倍

而导致植株根部腐烂。为此，需要保证土壤良好的
排水性，必要时可以使用有机肥改良土壤，也可往
土壤里加入沙石。浇水时，可以往植株根部浇水，
使根部能够直接吸收水分，但根系裸露到地表的灌
木植物除外，这些植物最好采用喷灌的方式，使地
表大面积得到水分。大部分灌木植物都不适合采用
喷灌方式浇水，尤其是在开花期间，但在气候较
干燥的季节，适当进行喷灌有助于防止虫害的发
生（主要为红蜘蛛）。

会破坏景观。根据植株品种的不同，较小的植株之
间应保持50~80cm的间距；高为1.5~2m的植株间应
留有80~120cm的间距；体形更大的植株至少应留
有1.5~2m的间距。如果植株是作为树篱栽种，间距
会有所区分，但若作为装饰随意扦插，即可保持与
以上情况相似的间距。可以将植株按照梅花形栽
种，这样既可使植株显得错落有致，又可为植株留
出足够的生长空间。

养护建议

> **装饰性灌木植物的修剪应符合一般规则：** 春季
开花的植物应在除草后对枝条进行修剪；夏季开
花的植物应在冬末修剪，但上一年的枝条若重新
开花则无须修剪。修剪过后的植株能够开出更多
花朵，同时也有利于控制植株的形态与大小。如果
有足够的栽种空间，并且严格按照植物间距要求进
行栽种，那么在自由状态下自然生长的植株会具有
更强的装饰效果。在这种情况下，需要做的仅仅是
剪掉枯萎的枝条。

> **在植株栽种后的最初两年，适当的浇水对植物生
长是必需的，** 但同时也要避免因土壤滞留水分过多

> **对于露台种植，** 在选择花盆时，必须考虑到植株
的高度与宽度，一方面要使植株枝叶能够正常生
长，另一方面要使植株根系能够自由延伸。根系露
出土壤表层的灌木植物需要直径更大一些的花盆。
其他种类的植株，比如月季，则需要使用较深的花
盆，因为它们的根系会向下生长。

冬季修剪枝条

紫藤、铁线莲与美洲茶

紫藤 ↕6~10 m ❀ 4~5月
蒙大拿铁线莲 ↕8~9 m ❀ 5~6月
美洲茶 ↕2 m ❀ 4~5月

紫藤是春季不可或缺的一道美丽风景。作为一种攀缘植物，它可以与其他攀缘植物搭配种植，如铁线莲。这2种植物都可以存活许多年，枝条缠绕在一起可长成树干。需要选择一个合适的种植位置栽种紫藤，并搭配栽种多年生初春开花的美洲茶对其进行装扮。

如何搭配？

　　紫藤开花较早，最好选择开白色或蓝色花朵的品种与美洲茶搭配种植，因为美洲茶的花朵为深

在露台上

　　生长较缓慢的美洲茶适宜与紫藤搭配种植，为使植株更美观，可每年适当修剪紫藤的枝条。可以选择让枝条沿着挡风板或墙面攀缘生长。

蓝色，这样整棵植株看起来会更加协调。美洲茶4月就开始开花，花团锦簇，花色诱人。为使其枝叶生长旺盛，需要把它的枝蔓牢固地捆扎在支撑物上，这样长成的植株便会枝叶浓密。铁线莲的花朵繁多，为鲜艳的玫红色。

> **栽种位置：**将紫藤栽种在墙脚下，使它沿墙面攀

紫藤

缘生长，并与美洲茶保留1.5m的间距。在美洲茶的另一侧栽种铁线莲。这3种植物都能够迅速生长，并且紫藤的枝条能够与其他两种植物交叉生长在一起。这样搭配种植的植株同样可以装饰绿廊，前提是要选择一种蔓生的美洲茶属品种。

如何栽植？

> 土壤： 应保证土壤具有良好的排水性，土壤pH值为中性或偏酸性。铁线莲在土层较深厚的普通土壤，甚至较贫瘠的土壤中都能正常生长。土壤肥力越高，植物枝叶生长便会越旺盛，而花则会受到不利影响。美洲茶可在任何非钙质土壤中生长。这3种植物中，只有紫藤对养分有所要求，但花园里的土壤完全可以满足紫藤的生长需要。

> 光照： 这3种植物的生长都需要充足的光照，只有在光照充足的情况下植物才能大量开花。然而，紫藤与铁线莲即使每天只能接受几小时的光照也同样可以正常生长。植株的生长环境必须避风，无论是铁线莲还是美洲茶都不适宜风吹，而紫藤在冬季时更不能遭受寒风的危害。

> 植物抗逆性： 美洲茶能够在冬季气候较温和的地方生长，如果冬季较严寒，需要为植株铺上一层草褥，以防止冻害与水分的流失。

如何养护？

> 紫藤： 紫藤的枝叶可以沿着支撑物蔓延生长，但如果想使植株按照理想的形态生长，需要梳理一

铁线莲与美洲茶

下枝条。在最初的几年内，每年都要为植株进行2次剪枝：3月修剪1次，只保留具有花蕾的枝条；4月底再修剪第二次，主要是把较长的枝条剪短至合适的长度。如果植株生长较快，那么夏季需要把新长出的枝条掐掉，防止植株体形过于臃肿庞大。对于成年植株，夏末时把长有4个叶片的侧生枝条剪短，冬末时还需要再修剪1次，只保留三四个新枝芽即可。如果植株的生长空间足够大，也可以每年只修剪1次，然后让植株自由生长。

> 铁线莲： 一定要避开滴水的屋檐，否则会导致枝条腐烂。花季过后要对枝条进行修剪，将过长的枝条剪短并剪掉干枯的枝叶，防止植株无序生长。

> 美洲茶： 作为一种生命力较强的植物，美洲茶的养护只需对枝条稍作修剪即可，无须其他照料。植株生长过程中，要随时绑缚枝条（不能捆绑得太紧，要使枝条正常长粗）。

小知识

为使紫藤更好地生长，需要在其根茎底部栽种其他植物以遮蔽其根部。可以选择栽种多年生植物或小灌木植物。普通的老鹳草便能形成浓郁的荫蔽。如果条件不允许，可以用其他高与宽都为50cm的植株代替，同样能够很好地保护紫藤根部。

墨西哥橘与扶芳藤

墨西哥橘 ↕ 1.8~3 m ❀ 4~5月或5~6月
银边扶芳藤'欢滕祖母绿' ↕ 5~80 cm ❀ 9~10月

这2种植物的搭配可以为花园增色不少。墨西哥橘的白色花朵会吸引人们的目光，浓郁的花香沁人心脾，再加上几棵扶芳藤的点缀，呈现的将会是一幅美若画卷的风景。墨西哥橘与扶芳藤都能够存活数年。

如何搭配？

扶芳藤有许多优点：紧凑的枝叶，精巧的花瓣，顽强的生命力，可以把它栽种在花园或露台。扶芳藤全年都长有绿叶，外形既可以呈伞状，也可以收拢呈球状。墨西哥橘早在10年前就因其独特的花香与易于养护的特点而广受人们的欢迎，但栽种位置非常重要，应保证它不被其他植物的枝叶压住，而且不能使它长时间处于阴暗的环境中。

> 栽种位置： 1株墨西哥橘与两三株扶芳藤便能够覆盖住的墙面，是栽种这2种植物最理想的位置。此外，这样的组合还可以装扮花园小径或扶梯。当然，它们也是房屋露台上的经典植物。如果想用植物装扮一下自己的房屋，又没有足够的时间来照料它们，那么墨西哥橘与扶芳藤是最理想的选择。

小知识

墨西哥橘常因其名字而使人们产生误解，以为是一种橘树。其实，墨西哥橘与橘子毫无关系，只是因为其花香与橘香相似。

如何栽植？

最好在春季或初秋栽种这2种植物，丰富的雨水能够使植株根部吸收足够的水分从而更好地扎根，同时，这2个季节温度适宜，有利于植株的生长。

> 土壤： 墨西哥橘在微酸性土壤中生长较快，但如果条件不允许，中性土壤也同样能够满足其生长需求。花园里排水性好、疏松透气的土壤对墨西哥

墨西哥橘

银边扶芳藤'欢滕祖母绿'

其他尝试

·这种类型的卫矛属植物还有叶片为黄色花斑的品种，如金边扶芳藤。

·如果不喜欢卫矛属植物，也可以用女贞或黄杨与墨西哥橘搭配种植。

·为突出墨西哥橘的白色花朵，可以用春季开花的屈曲花作为边缘装饰植物。在中等面积的花园里，可以栽种具有白色叶缘的叶槭，这样植株整体看来会更加繁茂，更富生机。

金边扶芳藤'金色祖母绿'

橘来说便再好不过了。对于扶芳藤而言，紧实的硬质土壤不利于其生长，除此之外它对土壤没有其他要求。栽种前需要锄地，然后用稻草覆盖地表，以保持良好的排水性。

> **光照：** 半阴环境或者朝阳的位置都适合这2种植物生长，但要避开风口，因为寒风会对墨西哥橘造成极大的危害。此外，春季出现的霜冻同样不利于墨西哥橘的花蕾生长。

> **植物抗逆性：** 扶芳藤具有极强的抗逆性，可适应多种不利的生长环境。墨西哥橘虽然也能在一些不良环境中存活，但冬季温和的气候更适宜它的生长。最好为墨西哥橘幼株覆盖一层草褥以保证其正

在露台上

如果是盆栽植株，要选择土壤可深达60㎝的花盆。首先栽种墨西哥橘，然后根据花盆的大小，在其周围或某一侧栽种扶芳藤。如果植株的生长环境风较大，可以在栽种时使用挡风板加以防护。

常生长，对于成熟植株可以只在冬季时覆盖草褥。

如何养护？

> **墨西哥橘：** 每年花季过后，都要为植株剪枝，将枝条剪至自己想要的长度。当然，也可以让植株自由生长，只把影响枝叶协调性的多余枝条剪掉即可。自然状态下生长的墨西哥橘应呈圆球状，如果枝条只朝某一个固定的方向生长，说明植株接受的光照不均匀。在这种情况下，需要再对枝条进行1次修剪，或在植株周围留出更多的空间，使各方位的枝条都能接收到光照。

> **扶芳藤：** 这种植物的枝叶茂盛且排列紧密，修剪枝条只是为了使植株看上去整齐有序。如果想使整棵植株看上去更协调，要随时把多余的枝条剪掉。

PHOTINIA X FRASERI, CALLISTEMON SP.

红叶石楠与红千层

红叶石楠 ↕ 2~3 m ✿ 4~5月
红千层 ↕ 1~3.5 m ✿ 7~8月

这 2种植物并非同时开花，红叶石楠的红色叶片与红千层的花丛组成一幅妙趣横生的图景。它们可以用来装饰篱笆以及灌木丛，但必须生长在温暖环境中，比如沿海地区。

如何搭配？

这2种植物生长旺盛，如果都选择最矮或最高的品种，那么两者成年植株的高度几乎相同。

> **栽种位置：** 可以将2种植物前后种植，也可以交叉种植，2株之间至少保留1m的距离。红千层可以用来装扮篱笆，别具一格的叶片与外形为它赢得'瓶刷木'的称号。为使整体效果更突出，可以把红叶石楠栽种在红千层的前部，而不要栽种在同一排，从而打造出明显的层次感。如果内外两侧都可以看到篱笆，就在其两侧分别栽种这两种植物，从而将篱笆遮盖住，形成一排花丛。

红千层

如何栽植？

> **土壤：** 栽种时需要锄地松土，对于硬质土壤，可以掺入些沙石；对于较贫瘠的土壤，则需要施加一些有机肥以增加土壤肥力。栽种后的第一年，必须按时为植株浇水，以促进根部生长。

> **光照：** 充足的光照是植株开花必备的条件，但要避免太阳光灼烧。

> **植物抗逆性：** 这2种植物都喜欢温暖的气候，冬季不宜过于严寒。因此不能把它们栽种在寒冷地区。冬季要为植株铺盖一层草褥以防冻伤。

如何养护？

> **红叶石楠：** 红叶石楠需要修剪枝条以控制植株的生长速度，同时这也有助于幼株枝叶的生长。可以在春季或夏季进行剪枝，不要在秋季修剪。

> **红千层：** 随时将枯萎的花朵摘除，以免影响植株的美观。

红叶石楠

红千层 ➤

紫叶黄栌与羽衣草

紫叶黄栌 '皇家紫' ↕4~5 m ✿ 6~8月
羽衣草 ↕40 cm ✿ 6~7月

紫叶黄栌的叶片最初为红色，之后逐渐变为紫色，一进入花园，亮丽的叶片便映入眼帘。花季到来时，轻柔的羽状花序带给你的将是另一种惊喜。与紫叶黄栌美丽动人的姿色相对照，羽衣草的心状圆形叶片以及带有茴香味的黄色花朵则起到锦上添花的作用。

如何搭配？

　　紫叶黄栌生长很快，因此，需要经常为其修剪枝叶，既要保证枝叶浓密，又要使植株高度适宜。可以把紫叶黄栌栽种在花园里，也可以种植在露台上。若不想费功夫修剪枝条，可以把它栽种在灌木丛中或篱笆旁，并种植些羽衣草遮盖其根部。

> 栽种位置: 在与紫叶黄栌间距约50cm的位置栽种3~5株羽衣草，最好能按梅花形栽种，这样它便会覆盖地表，起到良好的装饰作用。也可以栽种更多的羽衣草，使它的美化效果更加突出。如果把紫叶黄栌有规则地沿花园小径栽种，那么花季到来时展现在眼前的就会是一条优美的花径，每天经过时，都仿佛置身于花海中。

小知识

　　修剪紫叶黄栌时，请戴上手套，因为它的汁液会刺激敏感的皮肤。夏季土壤干燥时，需浇水保持土壤湿润。

在露台上

● 为了防止紫叶黄栌生长过高，即使每年都对其进行修剪，也不会有任何问题。有一个名叫'年轻女士'的黄栌，形态低矮，通常只能长到1m高，顶生白色与淡粉色间的圆锥花序，枝叶呈绿色，与羽衣草搭配在一起十分美观，适合露台栽种。

● 每株羽衣草之间需保留40cm的间距。一旦发现有花枯萎了，要立即将它们剪掉。

如何栽植？

　　在春季或秋季栽种，避免过于寒冷或过于炎热的天气，否则不利于植株的成活。

> 土壤: 春秋时节，排水性好且肥沃的土壤是这两种植物生长的理想条件。紫叶黄栌对土壤性质的要求不高，既能够在钙质土壤里生长，也能在偏酸性的土壤里存活。同样，羽衣草也可以接受钙质或酸性的土壤。

> 光照: 紫叶黄栌与羽衣草几乎都可以在各种环境中生长，只要不过于阴暗即可。羽衣草不喜强光，而紫叶黄栌的枝叶恰恰能为其遮蔽过于强烈的光线。朝西的位置光线正合适，既有利于紫叶黄栌的枝叶生长，又能够使羽衣草的叶片逐渐变红。需要注意的是，应避免长时间的低温冻害。

> 植物抗逆性: 冬季只要保证土壤的排水性较好，这2种植物就可以安全度过。

如何养护？

> 紫叶黄栌: 如果想使植株枝叶紧凑，那么冬末要较大幅度地修剪枝条，或者也可以保留树干不作修

剪，把较低的枝条剪掉，这样植株能长至4~5m高。

> **羽衣草：** 羽衣草容易受到蛞蝓和蜗牛的侵害。可以在它们的根部覆盖一层厚厚的干草垫，如荞麦皮、亚麻皮等都可以。同时，这样做还能够保持土壤湿润。冬天快结束时，把羽衣草修剪得低平一些，这样能使它们长势更好。在7月底8月初之际，剪掉花园里已经枯萎的花朵，防止种子的传播繁殖。只保留那些有观赏性的枝叶就好。

其他尝试

· 试着种一些其他喜欢湿润土壤的多年生植物，可以增加景色的观赏价值。例如，可以在这些黄色枝叶中掺入一些玉簪，它们6~7月开花，正好可以与羽衣草相互映衬。想要景色更加多姿多彩的话，可以选择那些绿叶带有黄边的植物，如扶芳藤。

· 其他紫红色叶片的灌木也可以与羽衣草一起种植，例如：紫红叶榛子、紫叶接骨木或紫叶风箱果。

紫叶黄栌和羽衣草

胡颓子、灰白叶岩蔷薇和毛剪秋罗

胡颓子 ↕ 2~3 m ✿ 9~10月
岩蔷薇 ↕ 80~130 cm ✿ 5~7月
毛剪秋罗 '阿尔芭' ↕ 1 m ✿ 5~8月

在海边种植的植物，不仅需要足够耐旱，还需要能够抵御海浪侵袭。沿海地区的温和气候有利于胡颓子和岩蔷薇的生长，这就是为什么我们能够在地中海地区发现这类植物。毛剪秋罗顽强的生命力和长久的寿命与它本身绚丽的色彩相得益彰。

毛剪秋罗（红色毛剪秋罗被当作装饰植物）

如何搭配？

　　胡颓子的叶片正面呈绿色，背面呈灰色；岩蔷薇的叶片是毛茸茸的亮灰色；毛剪秋罗的叶片则为一簇簇的银白色，这样的颜色配搭是很完美的。毛剪秋罗是一种在海边花园里非常容易种植的植物，不需要任何的管理就能够在一个地方生存很久。而且，它的花朵长在花茎顶部，非常靓丽可人，如果沿着篱笆或是幽静的羊肠小径种植，会非常引人注目。岩蔷薇在春季和初夏开花，花朵为黄心玫红色。胡颓子通常在夏末开花，而且能散发出沁人心脾的香甜气味。

> 栽种位置： 胡颓子可以长很高，可以人为地修剪它的高度。因此，它几乎可以适应任何一种地形来作为绿化植物美化环境，甚至可以把它种在花园最外围当篱笆用。例如，可以把它们用作挡风墙来保护岩蔷薇，在这样一种隐蔽的环境下，岩蔷薇可能会长到1.3m高。这个时候，可以适当地在其对面种一

在露台上

● 如果是在室内盆栽的话，需要不断定期浇水，防止土壤干燥。这样做可能会很麻烦，而且一旦做不好，是很难弥补的。（土壤如果不能保持它最初的含水量，很多根就会枯萎坏死。）

● 胡颓子每年都要修剪，使它们保持合适的高度。可把它们种在比较大的花盆里，并且保持土壤含水量恒定，然后在其周围搭配几棵岩蔷薇。

胡颓子

> **植物抗逆性：** 毛剪秋罗可以生长在任何地方。岩蔷薇可以抵御-10℃的严寒，但如果长期处于严寒中，也有可能死掉。因此，在种植岩蔷薇的时候，应尽量避免易被寒风吹拂或较冷的地方。成年胡颓子能够在比较寒冷的冬季成活下来，前提是冬季不会持续太长时间，因为它还是更喜欢较温暖的气候。如果冰冻天气很严重的话，最好用一些干草垫或防寒罩来保护幼小的植株。

如何养护？

这3种植株都比较耐旱。因此，在那些人们只有假期才会去的乡村花园里，仅仅是雨水就能够满足它们的灌溉用水了。

> **胡颓子：** 如果想赏花的话，花期到来前，最好不要修剪，等花期过后再修剪。最好把它们种在松软、深厚的土壤里，如果没有用干草垫遮盖的话最好经常松土换气。

> **灰白叶岩蔷薇：** 如果有足够的空间让其自由生长，会长得非常好。另外，它们不喜欢经常被修剪。如果空间有限，尽量修剪多余的茎叶。最好在春季种植，这样它们就会有足够的时间在冬季来临前生根发芽。

> **毛剪秋罗：** 这种多年生植物不需要太多管理，只需要冬末修剪一下就可以了。

灰白叶岩蔷薇

小知识

岩蔷薇会产蜜，这样就会吸引一些蜜蜂之类的传粉动物来采蜜传粉。在花园或室内种植这种植物有利于保持生物多样性。

些开白色花朵的毛剪秋罗。

如何栽植？

> **土壤：** 这些植物对土壤的要求不那么严苛，但是，也要避免使用太过厚实或是长期积水的土壤。在松软的土壤上用干草垫覆盖，可以保持土壤湿度，也有利于植物更好地吸收水分。

> **光照：** 岩蔷薇和毛剪秋罗都喜欢充足的阳光，因为这样花会开得更好。胡颓子也喜阳，但如果有一半时间背阴，会长得更好。

羽扇槭和漆姑草

金叶羽扇槭 ↕ 2.5~3.5 m ✿ 4~5月
金色漆姑草 ↕ 5 cm ✿ 6~7月

如 果想从植物的搭配中体现出佛家禅宗思想，可以选1株好看的、绿中略带黄的羽扇槭，搭配1株漆姑草。漆姑草常年贴地生长，像极了自然生的苔藓类植物。这种简单的搭配会营造出安静、和谐的氛围。协调的颜色，也会产生一种近乎单一色调的效果。而且，只需要稍微进行维护就能美化环境，增添色彩。

如何搭配？

这种搭配很简单，但仍然需要考虑周全，选择一个优越的位置。这种类型的搭配会使我们联想起亚洲风格的花园。凭借体型小巧的优势，它们可以被栽种在城市花园的一角，私家庭院甚至阳台。但是，当它们被其他类型的植物，如禾本科植物环绕时，就会变成一种比较现代的风格为花园增色。

> **栽种位置：** 提高这些植株观赏价值最好的方法

在露台上

● 最好选择一个不完全向阳的地方栽种这些植物，尤其是羽扇槭，它不能承受强烈阳光的直射。可把羽扇槭种在一个足够大的箱子里，或是直径大于60cm的花盆里。

● 盆栽时可以把漆姑草种在羽扇槭周围，最好是花盆边缘。

● 定期浇水以防止土壤干旱。羽扇槭喜欢湿润，尤其是盆栽的比地栽的需要更多的水分。

是把它们种在半阴处，例如一些高大树木的树荫下或是篱笆的背阴处。可以在土壤表面放置一些石子或纯天然的岩石块来搭配植株。根据羽扇槭的树型，至少需要直径1.5m的生长空间，这样它的枝叶才能自由地伸展。

如何栽植？

> **土壤：** 从春季到秋末，保持土壤的湿度是非常重要的，因为羽扇槭既不喜欢干燥的土壤，也不喜欢过于潮湿的土壤。此外，还推荐使用偏酸性的土壤。一定要避免使用含石灰质的土壤。种植时，如

金色漆姑草

果土壤是中性的，可适当加入一些灌木叶腐殖土。

> **光照：** 推荐种植在半阴处。若种在向阳处，由于热量过高，羽扇槭的叶片会枯萎卷曲。

> **植物抗逆性：** 在土壤适宜的条件下，羽扇槭和漆姑草的适应性都很强。但最好避免种在通风口，因为即使槭树属于落叶树，冬季风太大对它们的生长也是不利的。

如何养护？

> **羽扇槭：** 适当浇水保持土壤湿润，但是不要太涝。当土壤变干时，可用水喷洒枝叶，这样做还能赶走红蜘蛛。

> **漆姑草：** 气候较干燥的时候，需要给种在室外的漆姑草浇水。如果一些枝叶干枯受损，就把它们修剪掉。第一年栽种时，要提前锄草，否则等漆姑草慢慢长大，会有很多杂草长出来妨碍它们的生长。当漆姑草不断生长蔓延，覆盖整个地面的时候，它们就不会再长高了。

金叶羽扇槭

小知识

　　像苔藓这样的地被植物，一般是种在专业的植物研究所里，有时候也会在园艺用品店发现它们。有些还被一些专业的苗圃拿来与多年生植物种在一起。因此，还是比较容易找到的。

其他尝试

· 如果想要使颜色互补，可以种植一种叫作'橙之梦'的日本槭，这种槭树拥有镶枚红色边的橙黄色叶片。

· 还可以种植天使泪（*Soleirola soleirolii*）来代替漆姑草，它圆圆的绿色小叶片可以在地面铺成一个5cm厚的卷边地毯。像这样株型矮小覆盖力强的植物还有马蹄金和瓣鳞花。这3种多年生植物，最好种在半阴、偶有阳光照到的地方。

· 如果是在一个日式花园里，可以添加一些修剪好的日本杜鹃花和颜色各异的矮型竹子（株高0.5~1m的菲黄竹）。

RHODODENDRON YAKUSHIMANUM 'PERCY WISEMAN',
PIFRIS JAPONICA 'KATSURA', CALLUNA VULGARIS 'FOXII NANA'

杜鹃花、马醉木和帚石楠

杜鹃花 '佩西·惠斯曼' ↕1 m ✿ 4~5月
马醉木 '桂' ↕1.3 m ✿ 2~4月
帚石楠 '福克西·娜娜' ↕25~40 cm ✿ 7~9月

这些植株四季常青，且花期较长。尤其是春季，当杜鹃花正值花期时，整个花园就像一个五颜六色的调色板，充满生机。之后，粉红色或浅红色的马醉木嫩芽就会来接替已经开败的杜鹃花，填补颜色的空缺，到夏季的时候，帚石楠也开始开花了。

如何搭配？

与花园的其他植物相比，杜鹃花更喜欢生长在小花园里、阳台上，或是有灌木叶腐殖土的地方。杜鹃花 '佩西·惠斯曼' 适应性较强，但是生长速度较慢，不会长得很高，会呈现出圆圆的一簇一簇的形

态。马醉木以其春季发出的红色幼芽和别具一格的花朵而被人们熟知。夏季，枝叶重新变绿，郁郁葱葱，茂密繁盛，极具装饰性。你一定会喜欢这种源于日本，株型中等，喜爱成簇生长的植物。马醉木 '桂' 会开出香气四溢的花朵，还有美妙绝伦的玫红色中略带古铜色的幼芽。

像所有的帚石楠一样，'福克西·娜娜' 非常有趣，尤其是其常年都是苹果绿色的枝叶。夏季它会开出美丽明亮的紫色花朵，非常值得种植。如果找不到 '福克西·娜娜'，可以找一些比较常见的帚石楠品种，它们一般都生命力顽强，且开花很多。

> **栽种位置：** 把杜鹃花和马醉木种在一起，中间保留1.2m的间距，其间可以栽种帚石楠。

如何栽植？

种植这些常绿灌木的最好季节是初秋，因为此时，阳光、雨露充足气候温和。如果在春季种植，最好买一些已经开花的植株。天气干燥的时候，要定期浇水。

> **土壤：** 偏酸性的土壤是最好不过的，如果种在中性土壤里，需要加一些灌木叶腐殖土，以保证植株生长良好。当然，它们也能够在酸性较强的土壤里生存，但是要经常松土和排水。

> **光照：** 杜鹃花对光照有一定要求，但不耐暴晒，夏、秋季应有阴棚遮挡烈日。马醉木和帚石楠也是如此。

> **植物抗逆性：** 这3种植物

杜鹃花 '佩西·惠斯曼'

的适应性都很强。但是，尽量不要种在风口处。

如何养护？

> **杜鹃花：**剪掉枯萎的花朵，尽量不要修剪其他部分，因为这种灌木长得很慢，形态不会有太大变化。定期浇水，并保持周围土壤湿润。

> **马醉木：**剪掉枯萎的花朵让它看起来更加干净、整洁。为了呈现更加紧凑的姿态，可以在夏初时剪掉一些主茎。这样的修剪是为了能够让它在夏末长出更多多姿多彩的嫩芽。

> **帚石楠：**这种植物不需要太多的管理，但是可以用压条法让其繁殖，使之成为一种覆盖地面的地被植物。可在花期末的时候定期修剪一下花丛。

马醉木'桂'

帚石楠'福克西·娜娜'

在露台上

● 在比较大的种植箱里种植杜鹃花，保证其根部的生长。将帚石楠种在种植箱边缘，马醉木种在杜鹃花四周。

● 不要让土壤干燥，因为杜鹃花喜水，如果缺水，会很快枯萎。

● 杜鹃花开花的时候，可安放一个挡风板来保护花朵。

墨西哥橘和扁柏

墨西哥橘 '日光舞'　↕1~2 m　✿ 4~5月

扁柏 ↕4~5 m

要想营造出色彩协调、简单朴素的氛围，绿叶扁柏和金叶墨西哥橘就是一种完美的搭配。金叶墨西哥橘开白色的花，并且散发出沁人心脾的迷人香气，给景观增色不少。

如何搭配？

扁柏种类的选择需要依据种植的位置来确定。如果是在小花园里，可以选择 '埃尔伍德的顶梁柱'。由于面积较小，可以种得紧凑一些。此时，要小心翼翼地修剪墨西哥橘，因为它所占的比例也不多。如果是在比较宽敞的地方，可以种植扁柏 '佛

墨西哥橘 '日光舞'

列特谢里' 或 '埃尔伍迪'，其圆锥形的形态，能长到3~4m高，但是长得很慢。

> **栽种位置：** 在扁柏周围种2株墨西哥橘，每株墨西哥橘之间保留80cm的间隔，同时，扁柏和墨西哥橘之间也要留出1m的间隔。

如何栽植？

> **土壤：** 不管是哪一类品种，这2种植物都需要生长在松软、深厚的土壤中。如果把它们栽种在肥沃的土壤里，会生长得很好。即使在贫瘠的土壤里，它们也能够生存，但是最好不是那种含有石灰质的土壤。可选择中性或偏酸性的土壤，尽量不要太干燥。

> **光照：** 这2种植物都喜欢阳光充足或半背阴的地方。如果阳光足够充足，墨西哥橘会枝繁叶茂，生机勃勃。

> **植物抗逆性：** 扁柏具有很强的适应性，甚至能够在酷寒的冬季生存，但是墨西哥橘可能会有被冻坏的风险。如果气候太过寒冷，需要给它们设置一个防护罩，并且要用干树叶覆盖保护其根部。

如何养护？

第一年种植的时候，为了让它们快速复苏，需要不断定期浇水。随后，可当土壤干旱的时候再浇，但只要浇就要浇透。

> **墨西哥橘：** 每年要在花期过后，剪掉枝条1/3~2/3的长度。最好不要在秋季修剪，更不能在冬末，因为这样会妨碍其开花。

> **扁柏：** 一般来说，这种纵列分布的圆锥形球果类植物是不需要修剪的。如果枝条太多，可以在冬末进行修剪。如果干燥的话要用水喷洒枝叶，同时避免红蜘蛛的侵害。

金叶墨西哥橘和扁柏 ▶

花葵、溲疏和薰衣草

花葵 ↕ 2.5~3 m ✿ 6~8月
溲疏 '粉色山丘' ↕ 1.2~1.5 m ✿ 5~6月
薰衣草 ↕ 40~70 cm ✿ 6~7月

如果将这3种植物搭配种植，那么会有几个星期，它们的花期是重叠在一起的，然后相继结束。优雅的色调搭配在一起会让整个花坛既具有浪漫气息又充满活力。春末时，溲疏会开出很多小碎花，随后花葵会开出很大的花朵，这两种植物与开紫色花朵、香气四溢的薰衣草搭配种植是非常漂亮的。

薰衣草

如何搭配？

如果把花葵和溲疏种在乡村花园里任其自由生长，会长得很大。但是可以每年修剪一下，以维持体型。如果不想经常修剪，可以种植溲疏'粉色山丘'，它一般保持在1.5m高、1.5m宽的大小，比一般的花葵体型要稍小一点。如果空间足够大的话，可以种植'巴恩谢雷'，它可以长到3m高、2m宽，在整个夏日都光彩夺目。

薰衣草通常可以长到40~70cm高。在生长得最茂密、最美丽的地方，往往很容易发现深蓝色的'矮生蓝'，蓝紫色的'孟士德'以及淡蓝色的'荷兰'。

> **栽种位置：**这3种植物的搭配种植很灵活，可以种在小花园里、栅栏边，也可以种在灌木丛旁，甚至可以种在草坪边缘。薰衣草可以形成一个小栅栏，作为边饰使用。可以首先种植花葵作为背景，然后在间隔1m的前方种植溲疏，最后围绕它们种几株薰衣草。如果是给草坪作边饰的话，可以在草坪边缘种几株薰衣草，并且保证每棵植株之间相隔40cm。

如何栽植？

> **土壤：**这3种灌木植物可以在任何疏松，甚至贫瘠的土壤里生存，不管是中性、偏酸性还是轻微石灰质的土壤都可以用来种植它们。唯一需要做的是在夏季和冬季的时候，保持土壤的排水性和透气性良好。在黏质的土壤里，要加一些粗沙使土壤松软。

> **光照：**这些灌木都非常喜欢

在露台上

● 不要把它们种在通风口或是比较小的露台上，因为这种植物搭配需要比较大的空间。

● 如果是种在大种植箱里的话，可以相隔1.2m种1株溲疏和1株花葵，然后在它们中间播种两棵薰衣草。

● 可以选择体型较小的细梗溲疏。每年3月把花葵修剪得矮小一点。

充足的阳光。一天几个小时的荫蔽对它们来说也是可以承受的，但是如果光照充足的话，花会开得更好。此外，这3种植物都需防风。

> **植物抗逆性：** 在任何地区，溲疏的适应性都很强。花葵和薰衣草则喜欢不是很寒冷的冬季。这就要求我们不能随便选择种植位置，因为如果冬季很冷的话，还得花功夫去保护它们。如果无法避免这种情况的话，就需要在秋季的时候把花葵修剪得矮一些，并且盖上一层厚厚的草垫，甚至安置一个防风罩。冬季，种在干旱土壤中的薰衣草可以抵御−20~−15℃的低温。尽管如此，还是需要为其盖一层草垫或安置一个防风罩。

花葵

如何养护？

当天气干燥时，尤其是在夏季，要定期浇水。薰衣草很耐旱，但花葵和溲疏却不耐旱，定期浇水的话，它们会长得更好。

>**花葵：** 修剪多少需要根据自己对植株高度和体型的需求来确定。一般来说，会在冬末（3月）把所有的茎杆修剪到与地面齐平的高度，以保持灌木比较紧凑的形态。如果是在大花园里，可以只修剪掉茎杆一半的长度。

> **溲疏：** 每年花期过后，修剪掉1/3的花枝，然后修剪一下枝叶的外围。要是想让它们重新生长的话，可以每3~4年剪掉1/3的茎杆，使其达到刚开始种植的高度。

> **薰衣草：** 花期过后，修剪掉已经枯萎的花枝。要用大剪刀修剪，使它们有均匀的切割面。冬末的时候，修剪掉1/3长度的茎杆，避免植株根部枯萎。

溲疏

绣球

栎叶绣球 ↕ 1.8~2.2 m ↔ 1.5 m ✿ 8~10月
圆锥绣球 '银币' ↕ 1.5 m ↔ 1.2 m ✿ 7~10月
大花绣球 '信子夫人' ↕ 1 m ↔ 1 m ✿ 7~10月

绣球优美的姿态和丰富的种类使它们能够自由搭配,不管在哪里都能构成一道美丽的风景线。夏末的时候,栎叶绣球巨大的圆锥花序,与另一种直立形态的圆锥绣球以及大花绣球搭配在一起,非常好看。

如何搭配?

圆锥绣球与其他相同种类的绣球一样,会在茎杆上开出直立的圆锥形花朵。圆锥绣球 '银币' 刚开始开花的时候是绿色的,慢慢地就会变成白里透绿的颜色。这种绣球的植株比较矮,可以把它们控制在1.2m之内的高度。

大花绣球 '信子夫人' 的花球非常特别,花瓣整体为深玫红色,边缘为浅玫红色。花球紧凑又不失规整,经常被当作搭配种植的第一考虑对象。如果想种的话,最好选3种差不多大的绣球进行搭配。

> **栽种位置:** 栽种绣球的花坛必须足够大、足够深,以便枝叶尽情生长。种在花坛里,要采用梅花形栽法,并且每棵植株至少相距1.2m。如果能

栎叶绣球

圆锥绣球 '银币'

大花绣球'信子夫人'

一直不下雨，要浇足水。春季的时候要施有机肥，帮助植物复苏，还可以使花开得更好。

> **栎叶绣球**：这种绣球基本不需要修剪。要是想让它们长得更紧凑，只需要在种植的第一年的冬末剪掉其茎杆1/3的长度。如果修剪得太厉害，植株有可能枯萎。

> **圆锥绣球'银币'**：即使不修剪，这种绣球也可以长得很好，因为它本身就长不高，仅仅剪掉那些枯萎的花朵就可以了。要是想把它们修剪得低矮一点，或是让花开得更好一点，可在冬末的时候，剪掉已经发芽的茎杆上的上一年老枝。

> **大花绣球**：冬末进行修剪，保留最下面带叶芽的一节，因为它们可以保护夏季要开花的花苞，从而不影响明年开花。一定要注意，如果把茎杆修剪得太厉害，下一年就不会开花了。

留出1.5m的间距，效果会更加非凡，因为这样它们的枝叶会自由生长，并且栎叶绣球长长的茎杆会落到地面，不会妨碍其他植株的生长。

如何栽植？

> **土壤**：尽管圆锥绣球和栎叶绣球能够在中性土壤里生长，但是大部分绣球更喜欢生长在潮湿、偏酸性的土壤里。一定不要把它们种在石灰质的土壤里。如果土壤酸性非常强的话，绣球的花球会变成蓝紫色。

> **光照**：这种灌木类植物喜欢温和的光照，不喜欢太强烈的光照。如果是在阳光充足的地方种植，需要种在半背阴处。最好种在朝西的位置，如果绣球上空有一棵枝繁叶茂的大树为其遮阴的话就更好不过了。

> **植物抗逆性**：这3种植物的适应性都很强，但是如果温度在-10℃以下的话，需要用一个干草垫来保护它们的根部，并用一个防护罩保护它们的枝叶。

如何养护？

在空地铺草垫既可以遮蔽植株之间裸露的土壤，还可以起到装饰的作用。并且，这样做也可以避免土壤在夏季或是干旱的春季干得过快。如果

在露台上

'信子夫人'和'银币'体型中等，可以种植在露台上。可以只搭配种植这2种植物，也可以再增加一种小型的绣球。需要保护它们不受寒风侵害，可以把它们放置在避风的角落里，也可以在它们四周放置一个防风罩。

PHYSOCARPUS OPULIFOLIUS 'DIABOLO', OPHIOPOGON NIGRESCENS, ORIGANUM 'NORTON GOLD'

紫叶风箱果、黑麦冬、牛至

紫叶风箱果 '响铃' ↕ 2~2.5 m ✿ 5~6月
黑麦冬 ↕ 15 cm ✿ 6~8月
牛至 '诺顿金' ↕ 20~30 cm ✿ 7~9月

在城市花园里将这3种植株搭配种植，造型会非常别致。一些经验丰富的园艺设计师会利用它们去创造具有现代风格的景致。热衷于亚洲风格花园的行家也同样喜欢用这3种植物去装饰花园外围。将它们种在一个简单的房屋露台上，再种上一些常绿灌木，建造一个石灰岩式的墙壁喷泉，搭配效果会更好。

小知识

被称为金叶牛至的几个品种的种植方法都是一样的，不同仅仅在于植株的高度和枝叶铺展的宽度。它们的高度一般只有十几厘米之差，由于茎喜欢匍匐生长，所以会大体呈现出一个直径30cm的铺地灌木丛的形态。

如何搭配？

风箱果原产于加拿大魁北克，会长出红色嫩芽，开出白色的伞形花，深受人们的喜爱。它的叶片颜色很深，到秋季的时候，会有3/4的叶片变成橘黄色。

最近几年，黑麦冬也崭露头角。不需要太多的养护，它就可以开出白色的花朵，过一段时间，还会结出蓝黑色的小浆果。它凭借着匍匐地面的

紫叶风箱果

金叶牛至

特性和结出的蓝黑色小果实，而被人们喜爱。

　　金叶牛至会呈现出紧凑的灌木丛形态。玫红色的花朵与紫叶风箱果搭配和谐，相得益彰。

> 栽种位置： 这种紫色、红色、黑色、黄色的颜色搭配真是美妙绝伦。可以首先栽种风箱果，然后在其周围随机栽几棵牛至和麦冬（这样做是为了营造一种自然的感觉）。也可以主要种植牛至来作为地被植物，然后在牛至中间插种一些麦冬。

黑麦冬

如何栽植？

> 土壤： 湿润或是适度偏干的土壤都可以种植这些植物，但是天气较干燥的时候要记得浇水，尤其是盆栽的植株。如果种在花园里，土壤排水性要好，但是不能干得太快，要是偏酸性的就更好了。

> 光照： 事实上，牛至是一种产自地中海沿岸地区的植物，因此，向阳的地方更有利其生长。相反，风箱果不喜阳，灼热的光照会使它枝叶干枯，但是偶尔有温和的阳光照射也是十分利于它生长的。只要光照不是太强，麦冬都可以适应。在一天中的一段时间，可以把它们3个放在灌木丛的边缘，让它们好好享受灌木提供的阴凉。

> 植物抗逆性： 风箱果的适应性很强，麦冬和牛至则不喜欢太寒冷的气候。不要把它们放在通风口。如果种在阳台上，可把它们放在角落或是安置一个防风罩来保护它们。

如何养护？

> 风箱果： 如果想让它枝繁叶茂、株型紧凑，要在花期过后修剪掉茎秆1/3的长度。如果空间够大，就让其自由生长：在花朵和果实的重压下，长长的茎秆会弯曲垂落到地面，构成一幅美丽的画面。每3年修剪掉一部分老枝条来更新枝叶。

> 麦冬： 黑麦冬需要2年的时间来生根扩散，就让它们静静地生长吧。可为其铺上一层草垫，以防止杂草丛生，但是一定不要盖住麦冬的主要生长部位。

> 牛至： 如果想让植株整体看起来更加整洁有序，就把那些杂乱的枝叶剪掉。

在露台上

● 如果夏天露台不是太热的话，这样的搭配种植是很完美的。记得安置一个自动灌溉系统，以保持土壤湿润。

● 在一个大种植箱里种1株风箱果，然后在其周围种1株牛至，最后种3株麦冬作为点缀。反过来种也一样很美：在种植箱边缘和风箱果周围种上麦冬，然后在里面插种两三株牛至作为点缀。

金叶绣线菊和分药花

绣线菊'金山' ↕60~90 cm ✿ 6~7月
滨藜叶分药花 ↕1.2 m ✿ 8~9月

这 2种灌木给夏季增添了不少色彩。即使是在小花坛或是面积很小的阳台上,它们也能长得很好。在夏末的时候,绣线菊鲜亮的橙黄色叶片与分药花蓝色的花朵交织在一起显得格外靓丽鲜艳。绣线菊开花较早,花朵为深玫红色,给初夏增添了一份生机和活力。

如何搭配?

不管是在城市花园还是乡村花园里,这2种灌木都很容易种植。它们既耐得住城市污染,又可以塑造迷人的景色。

绣线菊'金山'

在露台上

● 在几个比较大的花盆里种一些分药花,打造出茂密但不繁杂的背景。留出一些空间来插种绣线菊,当作前景。

● 最好选一个向阳避风的地方栽种,使它们即使在刮风时也能保持美妙的形态。在海边种植时,尤其需要避风。

每一年它们都长得很快,花开得也很多。虽然分药花的花期较晚,但是它的花朵与绣线菊多姿多彩的叶片还是能够很好地搭配在一起。因此,我们可以利用这几种鲜亮的色调,随着季节的变化呈现出不同的颜色搭配。凭借它们体型小巧的优势,可以把它们种在小花坛里、墙缘边,或是房屋露台上、阳台的花盆里。

> **栽种位置:** 把分药花种在后方,绣线菊种在稍微靠前的位置。两种植株间隔1m,留出足够的空间让它们的枝叶自由生长。如果空间足够大的话,可以在后面种2株分药花,前面种1株绣线菊。绣线菊冠幅可达1~1.2m,可以与直立生长的分药花形成美丽的对比。

如何栽植?

> **土壤:** 松软且排水性好的土壤有利于这2种植物的生长,但

其他尝试

· 分药花蓝色的花朵和灰色的叶片还可以与其他植物很好地搭配在一起，比如月季，红景天，花园里开白色、玫红色或是大红色花朵的木槿，还有金叶卫矛。

是绣线菊还需要一定的肥料。如果种在肥沃的土壤里，它们会长得非常好。如果是在比较贫瘠的硬土里，需要加一些粗沙使土质松软。

> 光照: 最好选择阳光充足的地方种植，这样，花会开得很好，叶片的颜色也会更漂亮。

> 植物抗逆性: 只要把这2种灌木种在排水性好的土壤里，它们的适应性就会很强。绣线菊可以耐受-30℃的严寒，而分药花地面以上的部分可以耐受-10℃的严寒，如果气温下降到-15℃，需要剪短其枝叶，并且保护根部，防止被冻坏。在春季种植是最好的。

如何养护?

天气干燥的时候，记得给它们浇水。绣线菊不耐旱，相反分药花却比较耐旱。一定不要安置自动灌溉系统，也不用雨水浇灌。这些植物不喜欢雨水，因为雨水可能会使它们腐烂。

> 金叶绣线菊: 冬末的时候，修剪掉一半的细枝，并且剪掉其中干枯细小的枝叶。要想保持灌木不断更新的话，需要不时地修剪掉老枝和枯萎的花朵，使它不断开出新花。

> 分药花: 在冬季寒冷的地区，要在秋末或冬末把茎杆剪短到几乎与地面齐平的高度，并且用干草垫覆盖，这样新芽就会在春季迅速长出来。把嫩枝修剪到40cm的高度，使其更好地分枝扩散。这种灌木能够很好地抵御疾病。

分药花

小知识

分药花的叶片呈银灰色，并且香气袭人，有很多不同的品种。但是，所有品种的种植方法都是一样的，特性也相同。只是有一些品种可能花期较早（7月开始），并且花朵颜色有浅蓝色和深蓝色之别。

多年生植物搭配

多年生植物之间的搭配组合十分丰富，选择适宜的植物种类以及合理配置植株的数量十分重要。植物搭配的原则更多的是涉及植物的体积、高度，以及形态。

选择哪种标准？

有很多种方式来帮你完成植物搭配。

> 对于高度相同的植株，首先应该考虑花形和枝叶的对比，然后是颜色的对比。例如，在一个花坛中，几乎所有的花形都相似的话，就把圆形花和钟形花并排种植在一起，会为花坛增色不少。一些小叶片围绕着大叶片，或是大叶片围绕着小叶片，都是非常不错的搭配。此外，只要不搭配太多不和谐的颜色，就可以创造很多种颜色的搭配方式。

> 不同形态的植物配搭会使花坛显得更有层次。不管是在大花坛还是小花坛里，它们都能够产生一种朝气蓬勃的活力。例如，将匍匐生长和直立生长的多年生植物搭配在一起，是最容易实现的，效果也立竿见影。更加微妙的是，可以用株型圆润、枝条较柔软的植物（如多年生的老鹳草）打造出植物波浪的效果，然后用另一种完全不同形态的植物来结束这个波浪（可以用直立生长的植物，如飞燕草。也可以用垂落型的植物，如某些禾本科植物）。

> 对于不同高度的植株搭配，首先应该考虑花坛整体的布局：较高的种在后面，较矮的种在前面。在颜色方面，可以提供很多种选择：进行撞色的搭配，或是只有细微差别的同色的搭配，抑或是单色调的搭配。

> 最后，多年生植物可以很美妙地装饰灌木丛、蔓生植物，甚至观赏树木或果树。这些每年都能够复苏繁茂的植物会让花园更加丰富多彩。

购买：盆栽还是箱栽？

> 常见的多年生植物幼株价格不高。要重点关注植株的间距，因为即使它们刚开始看起来比较小，但是长势惊人，仅仅需要两三年时间，就会长到成年植株那么大。

> 要想弄清楚植株的间距应该保留多少，可以参考植

盆栽的多年生植物可以快速地装饰花坛

株标签上成年植株的冠幅。如果成年植株的冠幅能达到40cm，那么在花坛中种植的时候，每棵植株之间就应该保留40cm的距离，如果只保留30cm的话，等它们长大了就会很拥挤。非常高大的多年生植株彼此之间可以保留60cm、80cm或是100cm不等的距离，具体情况还要看成年植株枝叶的冠幅。

> 箱栽的植株株龄通常要大一些，种植的时候体积就已经比较大了。箱子的尺寸越大，说明植株在苗圃中待的时间越久，因此，它们可能会比较贵。但是由于体积较大，移栽到花园里会比较困难。在这种情况下，记得移栽的第一年要定期浇水，每个季节开始时要施一些有机肥料，以促使它们尽快复苏。

栽种建议

> 对于所有的种类，都建议在春季和秋季种植，因为这个时候的气候比较温和。尽量避免在盛夏或冬季种植。喜温的多年生植物会在比较暖和的土壤里很快地复苏过来，因此，也可以在夏末种植，但是一定要在栽种的第一个冬季保护好它们，使它们能够很好地生根。最好是在春季种植，因为这样它们会有足够的时间在冬季来临之前生根。

● **播种前，**如果气候十分干燥，需要先给土壤浇水，但不能使土壤成为泥状。如果遇到多雨的日子，需要待土壤自然蒸发掉一部分水分后才可栽种。

● **在移植到花园土壤之前，**要先将植物根部的土块浸湿。因为如果根部的土块是干的，根就很难钻出土块深入到花园土壤中。可以先将盆栽植物在水中放置5~10分钟（水位须高于根部的土块），那么植物就可以又快又好地重新开始生长。但是，在将植物从花盆移出之前，要沥干水分，然后方可栽种。

> 一旦栽种完成，要在不同植株之间裸露的土壤上盖上厚厚的草垫或腐叶、树皮等覆盖物。这种

栽种时保留合适的间距可以使植株有足够的生长空间

草垫有很多好处。

- 防止杂草丛生。
- 可很长时间内保持土壤湿润，这样就不用频繁地浇水了。不管植株是生活在潮湿环境中还是其他地方，这样做都有利于植株生长。
- 可以保护土壤表层免受风吹雨打、结冰、霜冻的侵蚀。此外，它还可以使肥沃的土壤保持松软透水。因为，如果土壤直接暴露于各种坏天气下的话，会变硬、板结且不透水。有了草垫覆盖，就不需要经常松土了。

养护建议

> **种植后的第一年，浇水尤其重要。**有些植物前两年需要不断浇水。在这之后，大部分多年生植物只需要雨水就能够满足其水分需要了。还需要根据土壤特性来因地制宜地浇水。

> **为了节约用水，浇水的时候要浇到植株的根部。**最好、直接、不费时的解决办法就是在植株的根部蜿蜒铺设一些带孔的水管，并且用草垫覆盖。

> **多年生植物的养护非常简单。**

- 在大部分情况下，要想保持花坛整洁有序，只需要修剪掉已经枯萎的、开过花的长茎就可以了。此外，这样做既可以避免植株结种子使自身衰竭，还可以使一些植物在季末的时候再次开花。
- 每年都需要把枯萎的树丛修剪到与地面齐平的高度。一般来说，要到冬末的时候再把它们剪矮，因为干枯的枝叶可以作为一些益虫冬眠的场所，并且某些禾本科的多年生植物即使在寒冷的冬季也比较有观赏价值。但也有一些多年生植物的枝叶在秋季的时候就已经枯萎了，这样最好是在秋季就开始修剪。对于常绿的植株，只需要修剪掉因恶劣气候而受损的枝叶就可以了，其他的不用修剪。

定期浇灌而不是仅仅靠雨水滋润

给多年生植物分株

若种植一段时间后，多年生植物植株的长势变弱，株型变得不紧凑或花量变少时，可通过分株让它们焕然一新。对于某些植物来说，这还是一种检测生长的方法。除了鸢尾要在夏季分株以外，其他的都要在春季分株。具体的分株方法是把植株的根拔出来分成几小丛，一般来说，会在周围保留一些比较幼嫩的根。对于体型较小的多年生草本植物，如石竹，可以用手把根分开，然后再把分开的根重新种植起来。

鸢尾、常夏石竹、鸡尾兰和风铃草

鸢尾 ↕ 70~90 cm ✿ 5~6月
常夏石竹 ↕ 30 cm ✿ 5~7月
鸡尾兰 ↕ 50~70 cm ✿ 5~8月
风铃草 ↕ 1 m ✿ 6~8月

在光照充足但是土壤贫瘠的花园里通常较难看到美妙的景色。可以利用鸢尾、石竹、鸡尾兰、风铃草这几种花期接替的植物，通过蓝色和白色的花朵创造一种野生自然的氛围：春季的主角是鸢尾和石竹，夏季的主角是鸡尾兰和风铃草。

如何搭配？

常夏石竹可以开出很大的双层花朵。例如，可以选择开白花的'海特白'。

鸢尾很容易种植，并且寿命很长。它开出的深蓝色花朵，可以接替已经凋谢的鸡尾兰和风铃草。即使在花期过后，它们直立、宽大且常绿的枝叶仍然很具有观赏性。风铃草会在自己细小的茎杆上开出极美的蓝紫色钟形大花，营造出清新的田园风。

> **栽种位置：** 在由长长的围墙、树栅或小木板围成

鸢尾

常夏石竹

在露台上

● 避免置于迎风的位置。可将石竹搭配其他品种的竹植于花槽边缘，植株间保留30~40cm的距离。

● 优先选择高度超过40cm的花槽（内部土壤高度）或者便于种植不同品种且直径大于40cm的花槽。

此，朝南放置它们最合适不过。

> **植物抗逆性**：这些植物都可以耐受至少−15℃的低温。

如何养护？

尽管它们忍受得了干旱的土壤，但第一年还是需要定时浇灌以帮助它们更好地修复和适应环境。

> **鸢尾**：在花期末，剪短开花的枝条但不要剪叶片。当它们开始枯萎时，边切割根茎，边把这些花枝分成几簇，剪掉老化和生长不良的部分，然后马上重新种植在土壤里。

> **石竹**：在秋末或冬末时简单修剪花枝即可。

> **鸡尾兰**：建议每年在秋末或冬末剪短花枝使种植区域整洁干净，让新花枝更加茁壮生长。

> **风铃草**：夏末时剪掉枯萎的花葶以便来年生长。每隔三四年在春季将植株进行分株以利于生长。

鸡尾兰

的花坛里种上一组鸢尾，并搭配上鸡尾兰和风铃草，这样的组合会将鸢尾衬托得异常迷人。3~5株风铃草与同样数量的鸡尾兰混合种植便足以使得整个花坛轻盈唯美。

如何栽植？

> **土壤**：排水性好、略贫瘠的普通土壤就可以满足这些植物的需求。当然，如果生长在肥沃、疏松的土壤里，它们的花会开得更加繁茂美丽。

> **光照**：最好将它们放置在光照充足的位置，因为这几种植物都喜欢沐浴阳光而且耐得住高温，因

风铃草

橐吾、珍珠菜、鬼灯檠

窄头橐吾 ↕ 1.2 m ✿ 6~8月
斑点珍珠菜 ↕ 80 cm ✿ 5~7月
鬼灯檠 '华丽' ↕ 1 m ✿ 6~7月

花园里潮湿的地方可不能被浪费掉，很多植物都可以在这里生长，比如一整个夏季都开花、高大的橐吾，成簇生长的珍珠菜和较粗壮的鬼灯檠。玫红色和黄色的色彩组合充满了这块区域。

橐吾

珍珠菜

如何搭配?

橐吾和珍珠菜的花朵均为明亮的黄色，花期从5月初一直持续到8月末。鬼灯檠粗壮的茎杆上会开出玫红色的圆锥形花朵。在6~7月的时候，它所开出的玫红色花朵，会与其他2种花相互映衬，美妙绝伦。

这3种植物都有一个共性，就是需要有面积足够大的、湿润的土壤。这种特性赋予了橐吾和鬼灯檠宽大的叶片。珍珠菜叶片不大，但是匍匐生长的特性，正好弥补了这一不足。

> **栽种位置**: 这几种植物都长得很快，很快就能够覆盖地面1m²的面积。每株珍珠菜之间要保留

60cm的距离，因为花丛会扩散得非常快。还需要给不同的橐吾之间保留80cm的距离，给不同的鬼灯檠之间保留1m的距离，以使它们的枝叶有足够的生长空间。尽管种植这些植株需要足够的空间，但是仍然可以在小花园里每种种1棵，用来装饰花坛边缘。此外，种植这些植株还有其他的好处：当大量种植时，它们会铺盖大片土地。当在小空间种植时，它们又能够塑造出独特的景致。

如何栽植？

> **土壤：** 一般来说，在比较潮湿的地区，需要富含水分且透水性较好的土壤。排水不畅的土壤应该尽量避免。

> **光照：** 土壤足够潮湿的话，这些植物会在阳光下长得很好。在夏天气温很高的地区，最好种在半背阴的地方。

> **植物抗逆性：** 虽然这3种植物的适应性都很强，但最好不要种在通风口。

如何养护？

需要将它们种在适度湿润的土壤里，且天气干燥时要定期浇水。

> **橐吾：** 花期结束时，剪掉已经枯萎的花朵，然后在秋末的时候，把它们修剪到几乎与地面齐平的

高度，最后施一层肥。

> **珍珠菜：** 只需要在秋季的时候把它们剪到几乎与地面齐平的高度。一定要警惕其匍匐生长的趋势，因为如果条件适宜的话，它会占领大片的土地。

> **鬼灯檠：** 如果那些已经枯萎的、开过花的茎秆还具有观赏性，就不要把它们修剪掉，等它们干枯的时候，会自动脱落。在气候寒冷的地区，要在秋末或冬末植株复苏之前把它们剪低。

鬼灯檠

钓钟柳和桃叶风铃草

钓钟柳 ↕ 70~100 cm ✿ 6~9月

桃叶风铃草 ↕ 80~100 cm ✿ 6~8月

这 2种田园风格的植物优雅迷人，经常在不同类型的花园里被大量种植。根据品种颜色的不同，可以有不同的搭配方法，如白色和紫色、紫红色和玫红色等，可以根据花园的色调自由选择。

如何搭配？

风铃草有很多品种，由于花量大而且又不占地，因此深受人们喜爱。其中桃叶风铃草能够长得很高，而且花开得很大，所以经常被种植在花坛里。它还经常与钓钟柳搭配种植。这2种植物的花形都很有特色，搭配种植会使现代风格的花园看起来更加别致。根据品种的不同，钓钟柳的高度为0.1~1m。要是想搭配种植的话，可以选择高度为0.7~1m的杂交品种。而且它们颜色各异，有玫红色、红色、紫色、橙红色，甚至还有变色的品种。

如何栽植？

> **土壤：** 只要土壤松软、湿润，且排水性好，钓钟柳和风铃草就能够很好地生长。如果是在疏松多孔的土壤里，只要秋季施点肥就能够保持土壤的控水性。钓钟柳甚至能够在海边的砂质土壤里占据一席之地，但是要想风铃草花开得好的话，就需要多施点肥。

> **光照：** 这2种植物都需要充足的光照。但是，如果一天中只有一部分时间（至少5个小时）有光照的话，它们也会开花。

> **植物抗逆性：** 钓钟柳需要在温暖的地方度过寒冷的冬季。在比较寒冷的地区，从秋末开始，需要在其土壤周围覆盖一层干草垫。然而，风铃草在任何地方的适应性都很强。这2种多年生植物都可以种植在花盆或是种植箱里，但是一定要放在避风的地方（不要忘记浇水）。

如何养护？

栽种的前几个星期要除草，防止杂草丛生影响植物生长，之后要用草垫覆盖土壤。

> **钓钟柳：** 修剪掉不开花的茎杆。秋季的时候，将植株修剪到与地面齐平的高度，然后盖上一层干草叶。

> **桃叶风铃草：** 将枯萎的花枝剪掉。秋季的时候，将植株修剪到与地面齐平的高度。

桃叶风铃草

钓钟柳（画面前方）和月季 ➤

六出花、松果菊、金鸡菊

六出花 ↕ 80 cm ✿ 7~8月
松果菊 '马格纳斯' ↕ 1 m ✿ 6~9月
大花金鸡菊 ↕ 80 cm ✿ 5~9月

六 出花的黄色花心与金鸡菊的黄色和松果菊的紫红色互相衬托得相得益彰。可以将这一朝气蓬勃的组合点缀在花丛里或者房屋的正面。

在露台上

　　这一搭配组合的优势在于适宜大型花坛，如果植于露台的花槽里，效果则不是很理想。

如何搭配?

　　松果菊和金鸡菊同属于菊科，因此花朵形状相似。但松果菊拥有较大的花朵和别具一格的花心。六出花属于六出花科的一种，又叫作"秘鲁百合"，其花朵呈漏斗状结成一簇位于花梗上。剑叶金鸡菊，通常叶片窄小而密集，且花形较小。

> 栽种位置: 在小花丛里，可混合种植这3种富有生命力的植物; 在中等规模的花丛里，可将六出花和松果菊置于后排，金鸡菊种在前排; 在大型花坛里，可

六出花

松果菊

金鸡菊

另一种组合: 六出花与萱草、金光菊搭配种植

将每种植物由三五小簇组成一大组。这一夏季组合浓烈的色彩在绿色背景的衬托下, 会使花园更加色彩绚丽、生机勃勃。可将其种植在四季常青的树篱前或浓郁的灌木丛间。

如何栽植?

> **土壤:** 这些富有生命力的植物会全年开花, 相应的, 也需要土壤为其提供足够的养分。可用堆肥改良土壤, 以保证土壤良好的排水性。

> **光照:** 只要将这个组合置于阳光下, 便会吸引大批的蝴蝶和许多传播花粉的昆虫。

> **植物抗逆性:** 金鸡菊和六出花喜欢温暖的冬季, 要避免冷风侵袭。松果菊本身坚韧茁壮, 适应性强。

如何养护?

天气干燥时要经常浇水。

> **六出花:** 陆续修剪枯萎的花束有助于植物生长。秋季将其修剪到与地面平齐的高度, 并将干燥的树

其他尝试

可以种植黄色的金光菊。虽然是同样风格的植物, 但也能带来不同的效果。它是最强壮、最多花的植物之一, 也是可以靠自播繁殖的植物。

叶覆盖到土壤表面。

> **松果菊:** 修剪枯萎的花株并在秋季将其修剪到与地面齐平的高度。

> **金鸡菊:** 因为花枝枯竭得很快, 所以需要每隔三年将其分株一次以便再生。秋季修剪到与地面齐平的高度。

箱根草、玉簪、金薹草

箱根草 '光环' ↕ 30 cm
玉簪 '克罗萨帝王' ↕ 70 cm ✿ 8~9月
金薹草 '金碗薹草' ↕ 60 cm ✿ 6~7月

在 黑白黄蓝绿等颜色的衬托下，纤细柔软的枝叶组成一簇心形的叶丛，十分具有装饰效果。使用这一组合的好处在于，它仿佛给花丛镶了一道美丽的花边，也可作为地被植物装饰在溪边、池塘边或水道边。

如何搭配？

玉簪在夏末会开出百合一样的花，接近青绿色的树叶可以更好地衬托箱根草黄色的斑叶和金薹草金黄的颜色。茂盛的玉簪需要足够大的生长空间。

不被众人熟悉的箱根草，属于禾本科植物，叶片呈独特的柔软下垂状，黄色的斑点使其在半遮阴的地方也颇具光彩。将它种在不太炽热的阳光下，极具装饰性。

金薹草与其他薹草相比，优点是：枝叶坚韧且颜色鲜艳。其高度等同于其直径，每年6~7月纤细的棕色穗状花序点缀着它的花枝。

金薹草和玉簪 '克罗萨帝王'

箱根草'光环'

在露台上

● 如果花槽的土壤可以从春季到秋季一直保持良好的通透性，那么半遮阴的角落也是适宜种植这3种植物的。

● 可以把这3种植物分别种植在单独的花盆中排列成组。在这种情况下，请选择一个直径为60cm的花盆种植玉簪和两个直径为50cm的花盆种植金薹草和箱根草。尽量避免重复换盆。如果打算在冬末更换表面的活性营养素（除去腐殖质表面的苗床，用新的腐殖质代替）或在生长过程中加入有机肥料，请将肥料混入所浇的水中施加。

箱根草的盆栽植物，非常具有装饰性

> **栽种位置：** 组合中可种植1~3株玉簪，根据空间大小，其间距至少在50~60cm。箱根草种植在与玉簪相同或稍靠前的位置。金薹草植于另一侧，且只需一株即可。

如何栽植？

> **土壤：** 成功种植这一组合的首要条件是富含腐殖质的土壤。土壤应该足够肥沃，特别是对于玉簪而言，其排水性一定要好。干燥时，一定要及时灌溉，且要在植物周围加上一层土壤覆盖物（亚麻的麻秆）以减少水的频繁渗入。金薹草可以适应所有透气性好的土壤。

> **光照：** 半遮阴的环境，有利于保持土壤湿润。但要避免过分阴凉的环境，因为在这样的条件下，玉簪不开花，禾本科植物也将少有花枝，缺乏生机。

> **植物抗逆性：** 冬季冷风袭来时，玉簪和箱根草要被保护起来。不要放置在风大的地方，尤其是露台上或有穿堂风吹过的花丛中以及太阳从来不会照射到的地方。

如何养护？

在天气干燥时浇水。

> **箱根草：** 在寒冷的地区，秋季修剪花枝并用干燥的树叶覆盖地表。在温暖的地区，只需在冬季结束时修剪即可。

> **玉簪：** 秋季堆肥，一次性将枝叶剪到与地面齐平的高度。若需要，加盖一层干树叶。因为玉簪冬季会休眠，所以可以在每株玉簪的根部植入一根护苗棍来帮忙标记它们的位置。

> **金薹草：** 冬末，植株不需要任何修剪维护。半常绿的枝叶在冬季可以很好地生长并保持装饰效果。

四翅滨藜和麝香锦葵

四翅滨藜 ↕ 50 cm ✿ 6~8月
麝香锦葵 ↕ 50 cm ✿ 6~9月

—— 个小小的角落就足以用来打造这个精致可爱的组合。这种植物组合既可以种植在花园里，也可以种植在露台上。只要种植在能沐浴阳光的地方，无论在田野乡间还是城市花园里，它们都一样精致优雅。耐高温且不怕在干燥的空气中暴晒，是它们的特点。

在露台上

刚开始种植四翅滨藜和麝香锦葵时，可使它们保持40cm的间距。当2种植物长大，需要更换腐殖土时，将它们的距离拉远，让彼此有更多的生长空间。不过，四翅滨藜的花枝与麝香锦葵的花朵交织在一起也是完美的结合。

如何搭配？

四翅滨藜有着精致的锯齿状叶片，植株可高达60cm，夏季开出不易被人察觉的白色小花，每到6月这些小花会随着花茎的生长而消失，但剩下的叶片也足以使植株显得生机勃勃。

锦葵与四翅滨藜截然不同，花是其最吸引人的焦点所在。其花期之久、花朵之多，加上花蜜的质量，使其从春末到初秋一直都是花园中的亮点。

> 栽种位置：在狭小的空间里，每株植物应保持50cm的间距。如果用2株四翅滨藜和1株麝香锦葵围成一个三角形，效果将十分引人注目。还可以在长长的林荫小道上，添加3株四翅滨藜和2株麝香锦葵。

四翅滨藜

小知识

锦葵可吸引蝴蝶、蜜蜂和所有传播花粉的昆虫。不要犹豫夏日是否应该在花园或组合中种植它，答案是肯定的，特别是在城市中，它还是蜜蜂的保护者。

麝香锦葵

如何养护？

天气干燥时要定期浇水。

> **四翅滨藜**：在冬末时修剪因恶劣天气而被损毁的枝叶。

> **麝香锦葵**：秋季将花枝剪短到与地面齐平的高度。仲夏时剪短花茎，有助于再次萌发新的花枝。如果种植在露台上，需要每隔两三年在春季进行分株移栽。如果种植在花园里，锦葵需要单独再次播种，因此不需要分株。

如何栽植？

> **土壤**：四翅滨藜和麝香锦葵对土壤要求不高，可以忍受贫瘠、干旱、多石砾的土壤。人们可以在干旱的花园，充满沙粒的花园和地中海花园中找到它们的身影。

> **光照**：即使在城市的小花园里，充足的光照也是必需的。

> **植物抗逆性**：这2种植物在排水性好的轻质土壤里会生长得非常强壮。在寒冷的冬季，需将干燥树叶或者护根的地膜（研碎的木片、泥煤、亚麻秆、碎叶）作为厚厚的土壤覆盖物保护其根部。在露台，可用过冬的帆布遮盖这些黏土。

其他尝试

· 至少有7种四翅滨藜是银色或略带深蓝色的叶片。

· 为了使四翅滨藜的深蓝色与麝香锦葵的淡粉色形成更鲜明的对比，可混入一些蓝色的燕麦（欧洲异燕麦）作为衬托。

· 在大型花坛中，可以用大小相同，高为0.8~1m的帚状锦葵代替麝香锦葵。

高翠雀花、山桃草、草地鼠尾草

高翠雀花　↕1~1.8 m　✿ 6~9月
山桃草　↕1 m　✿ 6~10月
草地鼠尾草　↕1 m　✿ 6~9月

这是由旺盛的高翠雀花、山桃草和草地鼠尾草组成的一组茂密的植物搭配。山桃草最具代表性的、纤细灵活的花枝使这个组合更加轻盈。这些茁壮且富有生命力的植物能快速自动向阳生长，并在种植的第二年开始蔓延开来。

山桃草（图中品种为'锡斯基尤粉'）

如何搭配？

优选平均高度在1m左右的高翠雀花，对于均匀而浓密的花坛来说，蓝色的'短笛'是较为合适的选择。对于大型的花丛，高翠雀花可以作为背景，因为从远处就可以看见'黑夜'或'蓝鸟'这些高达1.8m的高翠雀花。种植时，建议每3株高翠雀花为一组，每株间隔50cm种植。

很明显，虽然高度和高翠雀花一样，但外观更纤细柔美的山桃草的花茎更加轻盈。在与高翠雀花搭配种植时，应与其保持50cm的间距。如果希望用

高翠雀花

在露台上

- 这3种植物都可以种植在花槽里，但必须把高翠雀花种在露台上的避风处。
- 在中等规模的花槽里，1株高翠雀花可搭配2株鼠尾草和2株山桃草作为背景，再插入1行山桃草和1行鼠尾草到前面。
- 在小型花槽里，可选择矮小的高翠雀花（最矮的高为50cm），用光果鼠尾草（高50cm）和山桃草环绕其周围。

亮丽的色彩来调和蓝色的草地鼠尾草和高翠雀花，那么白色、粉色的山桃草品种就最适合不过了。'锡斯基尤粉'为接近于红色的深粉色。

如果把这一植物搭配组合种植在花园必经之路的两旁，整个夏季都可以看到延绵不断开放的鲜花。

小知识

蛞蝓会危害高翠雀花的幼苗，所以要用由厚亚麻秆或荞麦壳组成的覆盖物来阻挡它们的侵袭。

如何栽植?

> **土壤**：这3种植物都适宜种植在石灰质土壤中。鼠尾草和山桃草可以适应贫瘠的土壤。高翠雀花则要求土壤肥沃。

> **光照**：整个植物组合都喜欢晒太阳，多晒太阳可促使它们不断开花，但要避免在太阳下暴晒。将植物种植在避风处，尤其当选择的是高翠雀花时。

> **植物抗逆性**：这3种富有生命力的植物在排水性好的土壤里生长十分旺盛。

如何养护?

种植的第一年要定期浇水。之后，天气干燥时再浇。

> **高翠雀花**：第一年用稻草覆盖高翠雀花周围。高翠雀花不喜欢干旱。幼苗容易招来蛞蝓，要注意预防虫害。秋末记得剪短枯萎的花葶，修剪所有花枝。

> **山桃草**：只需在冬末修剪花枝，便不再需要其他维护了。

> **鼠尾草**：冬末修剪花枝。若种植在露台上，秋季要注意保持外观干净整洁。

草地鼠尾草

飞蓬、滨菊、红缬草

加勒比飞蓬 ↕ 20 cm ✿ 5~10月
滨菊 ↕ 1 m ✿ 7~9月
红缬草 ↕ 50~70 cm ✿ 5~9月

这 3种植物在夏季会持续开花。你会在许多充满阳光的花园中意外找到它们。这样的奇观还会出现在干燥的花园石墙上。

如何搭配？

　　飞蓬和红缬草的花期从春季持续到冬季到来时。它们是干旱地带和砾石花园的王者，点缀着毫无生气的沙砾矮墙，而且一年比一年强壮。需要注意的是，市面上出售的飞蓬通常有2种：一种是加勒比飞蓬，适合种植在干燥的土壤中，枝叶纤细，花朵娇小；另一种是杂交飞蓬，枝叶宽大，花大，适合种植在较湿润的土壤中。在这一搭配中，要给予飞蓬更多的照顾。

　　在园丁们眼里，滨菊从不过时，并且繁花似锦，常开不败。品种'阿拉斯加'为单瓣花，生长十分旺盛。

滨菊

红缬草

飞蓬

忌地迅速生长。

如何栽植？

> **土壤：** 普通土壤就可以种植这3种植物。飞蓬和红缬草也可以种植在贫瘠、干燥、石块很多的土壤里，而且会比种植在肥沃的土壤里开出的花更多更好。滨菊可以生长在疏松、排水性好的土壤中，但是它的抗旱性不及其他两位伙伴。

> **光照：** 它们能耐受高温环境，尤其在日照时间很长的夏日，也可以繁花似锦。

> **植物抗逆性：** 这3种植物都能很好地适应排水性好的土壤。若土壤过于黏重，可以加入一些粗沙使之变疏松并改善排水性。

如何养护？

> **飞蓬：** 生长期不需要任何维护。秋末，将花枝剪短到与地面一样的高度，这样的高度有助于枝叶来年春天茁壮生长。

> **滨菊：** 定期剪掉枯萎的花朵，使植物可以持续重复开花。秋末将花枝剪短到与地面一样的高度。每两三年在初春时节将花枝分离开，使之再生。特别干燥时再考虑浇水，滨菊可以忍受长时间缺水的状态。

> **红缬草：** 这也是一种不需要修剪的植物，在无人照料的花园中依旧可以生存多年，但需要单独再次播种。可以依靠雨水生存。秋末修剪花枝至与地面一样的高度。如果被再次播种得过多，可陆续剪掉枯花以保证不会产生种子。

> **栽种位置：** 搭配这3种植物时，可将滨菊种在最后面，红缬草种在稍前的位置，飞蓬种在最前面。也可以两两搭配，或将这3种植物一种挨着另一种并排排列。为了加固矮墙，可以在石缝间和墙头处种植红缬草和飞蓬，在墙角下种植滨菊。这3种植物会无所顾

在露台上

● 这3种富有立体感的盆栽植物尤为适合种植在露台上，同时也会使建筑物底层前和石板路两侧充满生机。

● 可在红缬草前放置一些长长的花架，将飞蓬播种在花架里。如果整修了一条新的石板路，请保留石板间的空隙，这里也可以摆放飞蓬盆栽。

● 在露台上，请将这3种植物种植在花盆里，并将飞蓬移到露台边缘。

蓍草和百子莲

凤尾蓍'金盘' ↕1m ✿ 6~9月
百子莲 ↕1m ✿ 6~9月

在乡野花园里，一年一年的重复播种反而造就了一份意外收获——成为一种持久的搭配。这个黄色蓍草和蓝色百子莲的搭配适合种植在暖冬地区的花园里。这一充满生机的组合唤醒了整个花坛。

如何搭配？

凤尾蓍'金盘'是蓍草家族中最著名的品种之一，它可以很好地适应各种生长环境，也是花坛里最强壮、最富有生命力的植物之一。它可以种植在很多不同的环境中，在乡野的花园里仍保持特有的生命力。

百子莲是布列塔尼花园的象征。它喜欢温暖的海洋性气候。在不同的气候条件下，其叶片会呈现常绿和半常绿的不同状态。

> **栽种位置：** 为了布局更加协调，可以将它们摆放

凤尾蓍'金盘'和百子莲

在露台上

● 露台上应种植偏矮的百子莲和蓍草品种，或者将其种植在略高的花盆（40~50cm）里，置于避风处。

● 百子莲适宜生长在宽敞的花盆里，蓍草种于一般的花盆中即可。可以置备一个矩形的蓍草盆栽，放在百子莲花盆前，这样的组合也很漂亮。

在那些看起来自然随意的位置，这样对于初出茅庐的园丁来讲更容易管理。

如何栽植？

平时少浇水，但空气干燥、土壤孔隙多时需要经常浇灌，这样百子莲可以生长得更好。

> **土壤：**新鲜的自然土壤最理想，因为其土壤结构轻盈而疏松。蓍草不择土壤，但在排水良好，富含有机质及石灰质的砂壤土上生长良好。天气炎热时，百子莲应该种在阴凉的位置。当气候湿度适宜、降水频繁时，也可以将其种植在多孔的土壤中。秋季要为百子莲施肥。

> **光照：**只要有充足的阳光就可以保证这2种植物生长良好，开花结果。

> **植物抗逆性：**蓍草可以经得起一切考验。与之相反，百子莲在冬季需要温暖的气候，但只要结冰期不会持续几天，也可以耐受-5℃的低温。

如何养护？

夏天干燥时浇水。

> **蓍草：**定期修剪枯花，有助于植株整个夏季的生长。

> **百子莲：**每个寒冬剪掉枯叶，并在根部覆盖厚厚的地表覆盖物予以保护，抵抗霜冻带来的损害。

其他尝试

早花百子莲的抗逆性较强，但高度不高（平均为50cm）。如果选择这一品种，请选用花朵为大红色的西洋蓍草'红女王'来搭配。

西洋蓍草'红女王'

小知识

百子莲从肉质根茎开始生长。春季，可以把它的根茎切分为好几份，然后以60cm的间距重新种植。

矾根、星芹、白茅

矾根 '巧克力波浪' ↕ 40 cm ✿ 6~9月
大星芹 ↕ 70 cm ✿ 6~9月
白茅 '红男爵' ↕ 50~80 cm ✿ 6~7月

红 色、粉色和紫色, 这3种耐寒的多年生植物在半遮阴的位置使得花坛边界更加清晰。白茅, 一种让人惊奇的禾本科植物, 推荐与花朵独特的大星芹和叶片为巧克力色的矾根搭配组合。在这个组合中矫揉造作的装饰很少: 过多的装饰对于城市的园丁来说是备受折磨的。

矾根 '巧克力波浪'

如何搭配?

　　白茅在前几年才引入花园, 叶片直立, 相较于其他禾本科植物, 其娇小的外形十分令人惊讶, 在露台和花园都可以成功培育。无须修剪, 它就能提供极具观赏性的图案装饰。白茅需要很长时间才能长高, 从30cm长到60cm的高度需要2~3年, 然后继续长到80cm。

　　矾根圆形紫红色的叶片长在纤细、夏季饰有小花的花茎顶上。按组种植矾根, 并把它们与星芹散植混交。生长迅速的星芹, 开花时外表非常轻盈, 十分理想地将矾根花突显出来。

　　可以线或点的形式将白茅点缀在矾根和大星芹中间。

如何栽植?

　　天气干燥时再考虑浇水。为盆栽植物安装自动浇水装置或时刻观测土壤周围湿度。

> 土壤: 推荐将3种植物种植在新鲜且排水性好的土壤中。不要等到植物干枯时再浇灌, 当雨水不多时就需要浇灌。

> 光照: 整个组合都喜欢生长在半遮阴或阳光普照的地方。即使被种植在城市建筑物夹缝间的花园里也可以生长。星芹和矾根都十分耐寒。白茅虽然也

在露台上

● 这个组合可以种植在露台上。其花枝的生长也可以很好地适应盆栽环境。不过, 要记得定期为植物的健康生长补充营养元素(有机肥)。

● 为了装饰现代露台, 可将矾根和星芹组合栽种, 在其对面摆放白茅盆栽, 或者将这3种植物交替种在很高的花盆里并沿着露台排成直线。

可以耐受寒冷的环境,但需要在冬季保护好根部。

> **植物抗逆性:** 无论在城市还是乡村,这3种植物都可以耐受−15℃的低温。用厚厚的、干燥的土壤覆盖物保护白茅的根部。当打算剪除还保持绿色的茎秆时,可将剪掉的茎秆留在地面,作为冬日保护土壤的覆盖物。

如何养护?

用覆盖物覆盖土壤表面锁住水分。如果覆盖物足够厚,还可以限制野草生长,减少除草工作。

> **矾根:** 每年冬季从根部清理损坏的叶片,冬末剪掉最老的叶片使花茎来年重新生长。

> **星芹:** 如果不希望植物自播,就剪掉枯花的花葶。冬末时剪短花茎。

> **白茅:** 剪掉损坏的叶片,完全保留绿色。

其他尝试

· 如果找不到'巧克力波浪',可以选择'紫色宫殿'、'瑞秋'或'瀑布飞溅'等矾根品种。它们的色调相对较深,但都非常漂亮。

· 矾根'提拉米苏'的叶片在春季为鲜艳的黄色混杂少许紫红色,随后渐渐变为紫色和紫红色。它与黑色的麦冬和黄色的薹草搭配起来非常漂亮。

星芹和矾根

白茅

针茅、蓝羊茅和铺地竹

针茅 ↕ 50~60 cm ✿ 8~9月
蓝羊茅 ↕ 20~30 cm ✿ 6~7月
铺地竹 ↕ 50~80 cm ✿ 无花

外 形轻盈是禾本科植物固有的特点，针茅也不例外。它可与蓝羊茅和铺地竹共同勾勒出随风摇曳的画面。

小知识

虽然铺地竹的茎秆拥有木材的硬度，但仍属于禾本科植物。其生长发育表现为茎秆一段一段相继生长。铺地竹不会长到很高，但仍需好几年才能达到成熟的高度。

如何搭配？

这一组合融为一体分布在各个角落：斜坡、池塘周围、林荫道边、乡间小道旁。可根据空间的大小，自由种植。

> **栽种位置：** 铺地竹有时可作为宽的路肩植被，有时可作为划定背景的边缘界限。可将铺地竹排列成行，间距50cm种植，也可将铺地竹交错种植，随后将针茅种到铺地竹前，每株间距40cm，最后种植蓝羊茅。

如何栽植？

> **土壤：** 这3种植物适宜种植在疏松、排水性好的土壤里。中性或略偏碱性、略偏酸性的土壤都可以。

> **光照：** 充足的光照有助于枝叶生

针茅

在露台上

● 以50cm为间距，将铺地竹排列成行种植，作为背景。准备宽1m的花槽作为3种禾本科植物的组合场所。

● 为了避免铺地竹占据大量空间，可在混合种植的花盆中放置一块防止根茎过度生长的隔板，或者将它们分别种在两个并列的50cm宽的花槽里，以便它们能在各自的花盆中分别生长。

● 这3种禾本科植物都耐得住风吹日晒，也可以在缺少阳光的地方生长。但为了让铺地竹的叶斑鲜艳，光线充足的地方是最佳之选。

铺地竹

长。若每天接受阳光直射数小时，也可以适当接受一段时间的荫蔽。

> **植物抗逆性：** 这3种禾本科植物都具有很强的适应性和抵抗力，除非种植在冬季很快就结冰且不透气的土壤里。

如何养护？

天气干燥时，须定期浇水。

> **铺地竹：** 天气干燥时再浇水。为了使枝叶浓密、匀称，每隔两年在冬末用大剪刀将茎秆剪到与地面一样的高度。否则，就等每年茎秆停止生长时剪至所希望的高度。

> **针茅：** '天使的眼泪'是每年落叶的，但秋季根部叶片会染上米白色。因为在冬季有装饰作用，所以只需在冬末修剪。

> **蓝羊茅：** 这种禾本科植物不需要任何的修剪，枝叶仍可以继续生长，无论大小，四季常青。种植在露台上时，逐渐剪掉小穗，使枝叶保持干净。

蓝羊茅

其他尝试

还有一些禾本科植物拥有和蓝羊茅一样的外形，也被用来作为地被植物。如蓝色的蓝茅草，高约70cm；蓝色的异燕麦，穗在7~8月时可达1m。

一年生植物搭配

一年生植物的一大特点是其短暂的生命周期：从春季到秋季都会长叶开花，然后逐渐凋谢或消失在土壤中。当人们希望迅速装饰某个地方或每年更换不同种类、不同颜色的植物时，这样的周期是很理想的。

怎样成功种植一年生植物？

为了成功培育植物，有以下几种可行的途径。
> **估算可以用来修剪养护的时间。**当需要人工投入一定时间时，除草的频率要多于浇水。在采用原生态管理的乡村花园中，如果可以接受野生植物成为花园中的一部分，便不用除草。但在花槽、花盆和花架上时，就不该有这些野生植物的容身之地，因此需要拔掉。如果没有足够的时间，可以选择种植极其强壮或几乎不需要修剪的植物。

> **每年播种或任其自行播种。**这些生命短暂的植物在结束生命周期时，会留下种子确保品种延续。可将种子收获，或留其自播——这可避免来年再播种，下一年还可继续装饰花园，但不会那么浓密，或许还会出现许多野生植物。相反，如果每年重新播种，便可随心控制情况或更换背景。

栽种建议

> **大花坛里、栅栏边缘、建筑物前，**甚至在路的两侧都可以种植。为了使这些地方生机勃勃且有丰富多彩的颜色，建议优先选择夏季多花的一年生植物。

> **种在花园的大花坛里，**在灌木丛的混合边界之间有一些缝隙，可以用多年生植物填补。如果希望整个花坛完全被一年生植物填充，只用两三种色彩协调的组合来装饰即可。

> **将一列或一大丛春季开花的灌木类植物种在常绿灌木丛下。**夏季开花的一年生植物刚好可以继续装点这些常绿灌木。在夏季植物开花之前，春末开花的品种也将给灌木丛涂上亮丽的色彩。

白色与紫色形成色调对比强烈的组合

在阳台和露台上种植时，这些一年生植物是夏季开花植物的理想选择

> 悬挂种植在露台的悬挂架上、横梁上、楼梯扶手处，或者所有可以使之固定的地方。悬挂种植会使房屋看起来更加柔和舒适。

> 种植在阳台花坛和花架上及露台的花池里。最美的一年生植物组合是将其与矮小的灌木丛、常春藤及一些多年生植物、球根植物相搭配。这样的植物搭配高低有序，层次分明，从初春到秋末都生机勃勃。

> 种植在阶梯或林荫道两边的假山上，这样每年都可利用植物更换富有生机的色彩。在阳光照射的假山上，请选择抗旱性强的品种。

> 作为隔断种植在菜圃中，按照夏季或秋季收获作为分隔标准，利用黄色、橙色、红色、粉色、紫色的花带创造出彩虹般的装饰效果围绕在蔬菜周围。

> 以栅栏、铁丝网、格子架、透光的篱笆、绿廊和拱门为载体，选择体积大且生长速度快的攀缘类一年生植物，比如啤酒花，或者开花时十分吸引人的植物，比如金鱼花、牵牛花、西班牙青豆荚、豌豆花和蔓生旱金莲等。

养护建议

> 因为种子在疏松的土壤中较易发芽，所以要整理好培植土，仔细除草，清理石块和土壤表面脱落的植被。土壤的准备工作需要在播种之前完成。如果花坛已闲置了一段时间，请提前15天准备土壤，等杂草发芽重新除草后，再着手播种。这道程序叫作"伪播种"，可以清除杂草，以减少播种后第一周的多次除草工作。

> 种子发芽期间及发芽后的3周内要定期除草。新生的野草会和新生的一年生苗木争抢水分和养分，因此需要在它们未发育起来之前清除。

> 在一年生植物的根部覆盖保护层。土壤覆盖物会阻止杂草生长，防止土壤干燥。在大型的花架里，可

用装饰性保护层覆盖在土壤上。土壤要维持疏松的结构并在每次浇水后使其更蓬松。

> 剪掉枯花，以促进植物长出新的花苞。定期修剪枯花，可使一年生植物大量抽出新花枝。即使每2天进行一次，这道程序也不会花费很多时间。此外，还可以避免植物在抽穗的时候枯萎。

> 定期浇水。通常，这些存活一年的短周期植物在缺水时比多年生植物更敏感脆弱。夏季，如果不愿意每天花时间浇水，那么连接着滴灌装置或多孔管的程序控制器是必不可少的装备。春季干旱时，3~4天浇一次水也尤为重要。

> 当植物生命周期结束时，有2种处理方法：一种是，等到植物抽穗时自行播种，然后待其完全枯萎时剪短；另一种是，如果不愿意让其自行播种，就在花期后进行修剪。无论哪种方法，剪下的植物都可以被循环利用来制作堆肥。

苋、大丽花、波斯菊

苋 ↕ 50~150 cm ✿ 7~10月

大花型大丽花 ↕ 60~130 cm ✿ 7~10月

波斯菊 ↕ 60~120 cm ✿ 6~10月

从 仲夏到夏末，这一组合始终拥有闪烁迷人的色彩。它创造了一个用大量花朵装饰花坛的机会，而且这些花朵会吸引昆虫和鸟类觅食苋的种子。

在露台上

这一组合只适合在大型露台上种植。尽管如此，也可以选择矮小的苋（高50cm）、娇小的绒球大丽花和巧克力波斯菊（高50cm，极富生命力），作为花槽里的长期组合。

如何搭配？

建议在花园里选用2种最常见的，花葶外形有很大不同的苋：有着长长下垂花序的尾穗苋和竖立穗状花序的繁穗苋。

大丽花的花色品种十分多样。

> **栽种位置:** 在选择品种时，注意选择相同或略有差别的高度，使所有的植物都可以充分受到阳光照射。将大丽花与苋交替种植在花坛前方，波斯菊分散种植在花坛中。大丽花和苋的间距为60cm，使每种植物都有足够的生长空间。

如何栽植？

> **土壤:** 土壤要保持良好的排水性。在大丽花种植坑里加入肥沃的腐殖质，就可以满足大丽花生长所需的营养元素了。

> **光照:** 对于这个五颜六色的组合而言，最好的生长条件是充足的阳光，同时要求处于避风的位置。

> **植物抗逆性:** 苋和波斯菊不耐寒，只要土壤回温

繁穗苋

大丽花

一样的高度，使鸟儿可以觅食种子即可。

> **大丽花**：用支柱支撑茎杆。剪去残花，使花丛保持整洁美丽的外观。当茎杆枯萎后，剪短到与地面一样的高度。掘出块根，放入育苗箱，置于阴凉干燥处，避免冬季被冻伤。记得给育苗箱贴上标签。

> **波斯菊**：尽可能经常剪掉残花以促进植物持续生长。在成长初期将其剪短到距离地面20cm的高度，使植物分枝，但也可以任其自由生长。花末，将茎杆剪至与地面齐平的高度。

就可以播种，根据不同的地区，从4月中旬到5月末都可以。大丽花可以在4月末到6月播种。

如何养护？

苋和大丽花都很不耐旱，须定期浇水保持土壤湿润。同时，也可用土壤覆盖物覆盖土壤保持湿度，这样还能防止蜗牛对苋的破坏。

> **苋**：开花前小心地用支柱支撑茎杆防止倒伏。修剪幼苗，防止分枝。只需在花期末将其剪到与地面

波斯菊

小知识

尾穗苋的种子富含蛋白质，可作为食物。

紫茉莉和蜀葵

紫茉莉 ↕ 60~100 cm ✿ 7~10月
蜀葵 ↕ 1.5~2.5 m ✿ 6~10月

为了照亮整个夏季，创造一种简单而有吸引力的景象，蜀葵奇迹般地与紫茉莉相结合。蜀葵会沿着茎杆盛开出繁多的花朵。紫茉莉从傍晚到深夜开出无数小花，散发出沁人心脾的花香。

如何搭配？

紫茉莉因在夜间开花且一整夜都散发香气又被称为"夜来香"，在气候温暖的地区，可以四季常

紫茉莉

青。它那似荆棘般粗壮的茎杆生长迅速。蜀葵十分富有生命力，春季会迅速生长到很高的高度然后大量开花。这2种植物的外形有很大不同，但可相互配合着装饰花园的入口、房屋的墙基，也可以在阳光普照的花坛或靠近正门的小路两旁种植。

> **栽种位置：** 可以将这一组合沿着花坛分组种植，2株蜀葵搭配1株紫茉莉，或者1株蜀葵搭配两三株紫茉莉。等到土壤回温后，分别点播三四粒紫茉莉和蜀葵种子，这样当种子萌芽后便可慢慢成长为强壮的幼苗。播种前，将紫茉莉的种子在温水中浸泡一晚。

如何栽植？

在露台上

蜀葵遇大风易倒伏，因此可将这一组合安放在露台上最避风的地方。一个大而深的花槽对于固定植物是非常必要的。气候干燥时请浇水，但要注意控制水流。

蜀葵使花丛富有乡野气息

> **土壤:** 土壤的排水性必须非常好。这2种植物可以种植在海边的砂质土壤中。紫茉莉在土层深厚、疏松的土壤里会生长得更好。蜀葵可以到处生根，土层深厚的土壤更适合其大量繁殖。

> **光照:** 可在炎热且阳光充足的地方种植这2种植物。紫茉莉可以适应部分遮阴的环境，但在阳光照射下会生长得更茂盛。这2种植物都更喜欢倚靠围墙生长，因为围墙可以为其挡风。

> **植物抗逆性:** 蜀葵可以忍受霜冻不是很严重的低温气候，但更喜欢温暖的环境。紫茉莉在寒冷的地区对霜冻十分敏感。

如何养护?

> **紫茉莉:** 秋季将花枝剪短到与地面一样的高度。在温暖的地区，如果植物自播繁殖过多或新枝增多，请将其连根拔起，因为如果这样发展下去它

其他尝试

· 紫茉莉品种的多样性有利于打造出多种色彩的画面。

· 在蜀葵家族中，也可以找到多种色彩的品种。

们可能变得具有侵略性。

> **蜀葵:** 当所有的花朵凋谢后，将花葶剪短至根部，然后将枯萎的枝叶剪短到与地面一样的高度。注意防止锈病的侵袭。

矢车菊、蓝盆花和鸡冠花

矢车菊 ↕ 80~100 cm ✿ 6~9月
蓝盆花 ↕ 70~100 cm ✿ 6~10月
凤尾鸡冠花 ↕ 80 cm ✿ 6~10月

这 3种一年生植物可在乡野花园或任何你想吸引昆虫传播花粉的地方搭配种植。矢车菊和蓝盆花看起来十分相似，鸡冠花的穗状花序则是为了与之形成鲜明的对比。

如何搭配？

在从5月开始便不会有冰冻侵袭的地区混合播种这3种植物便可成功培植。它们的株型都很高，而且外形轻盈。在乡野间的花园里，非常适合成簇种植。可以考虑将它们种植在果园的果树下。蓝盆花和矢车菊会吸引蜜蜂、蝴蝶，以及其他昆虫帮助传播花粉。

如何栽植？

> **土壤**：疏松且排水性好的土壤适合栽种这3种植物，但要避免长期潮湿的地方。鸡冠花喜欢肥沃的土壤，其他2种植物在略贫瘠的普通土壤中也可种植。

> **光照**：这个组合需要有充足的光照，甚至在很炎热的地区或干旱的土壤里也可存活。

> **植物抗逆性**：在大地回暖时播种，以保证幼苗在生长过程中不会遭受春冻的侵害。如果过早播种，要做好防护措施，这些植物很不喜欢寒冷。

如何养护？

经常修剪这3种植物促使其重新长出花苞。可在花期末一起剪短。当气候异常干燥时再浇水。

蓝盆花

矢车菊

鸡冠花 ➤

雁河菊、雏菊、常春藤

雁河菊 ↕ 50 cm ✿ 7~10月
雏菊 ↕ 15~20 cm ✿ 3~6月
常春藤 ↕ 20 cm ✿ 5月

枝条下垂的常春藤与直立生长的观赏性雏菊组合，然后以雁河菊为背景呈现出一幅非常美的画面。雁河菊有多种颜色，包括蓝色、白色、粉色等。

在露台上

● 可以将它们种植在大大小小的花槽中，但与其说是种在花槽里，不如说是种在花槽的边缘。

● 经常浇水，尤其是长时间处于阳光照射处时。

雏菊

如何搭配？

因为常春藤的存在，从初春到秋末，这一组合都十分引人注意。常春藤叶片所占的面积大且四季常青。当这些叶片垂落在花槽边缘时，会和外形笔直的雏菊以及叶片稠密，直到秋末前仍不断开花的雁河菊形成对比。春季，雏菊盛开。雏菊花谢后，花期为夏季和秋季的雁河菊便接着盛开。因此，露台将始终生机勃勃。

> **栽种位置：** 在中等规模的花架或花盆里，可先种植常春藤，然后再围绕其种植1~2株雏菊和1株雁河菊。

如何栽植？

> **土壤：** 建议选用疏松、排水性好且富含腐殖质的土壤。在宽大的花盆或花槽底部铺一层引流层。在花架底部放置托盘防止浇水或雨水灌溉后剩余水分流失。

> **光照：** 3种植物的生长均需要充足的阳光或半遮阴的环境。避免暴晒和干燥的环境。

常春藤

> **植物抗逆性：**常春藤在冬天仍然绿意盎然。可以将其继续留在花架上或埋入土中躲避寒风。当遭遇严寒的结冰期时，需将植物迁移到暖房里过冬。

如何养护？

经常浇水，不要让下部土层干涸。种植前将小花盆泡入水中使土块完全浸湿。

> **雁河菊：**剪掉枯花，促进新花苞生长。花朵凋谢后，剪短花枝到并将其从盆里挖出，然后移入新的植物。

> **雏菊：**经常修剪凋谢的花。一旦花期结束，将开花枝剪短到与土壤一样的高度，为雁河菊留出足够的生长空间。

> **常春藤：**一年中将枝条剪短2~3次，促进植物生长。

其他尝试

·如果希望设计一个蓝色和白色基调的组合，可以选择叶片混有白色的常春藤，生长缓慢的常春藤'冰川'是适合花架的理想选择。

·在众多适宜种在花架上的雁河菊品种里，可以找到花叶屈曲的品种，如矮小(高30cm)的'鹅河菊'。鹅河菊的花期较短。

·屈曲花在春季开白色花，因此还可以用多年生或一年生的盆栽屈曲花代替雏菊。

雁河菊

屈曲花

TULIPA SP., MYOSOTIS SP.

郁金香和勿忘草

郁金香 ↕ 15~60 cm ❁ 3~5月
勿忘草 ↕ 15~30 cm ❁ 3~6月

这 个搭配是春季最迷人的组合。它们会像地毯一样铺满整个地面，一直延伸到台阶、阳台。郁金香株高相对较高，像是在由勿忘草组成的轻柔地毯上突起的花朵，可以从每朵花不同的颜色感受到不同的美感，享受这短暂的美景。

如何搭配？

郁金香是球茎植物，一般在秋季种植，不同地区种植时间略有不同，但基本在10~11月种下。大概按球茎本身2倍的深度将球茎埋在土下。大多数的园艺品种可持续复花1~2年，然后退化，更换。勿忘草一般为二年生或多年生。但通常情况下，人们会将其作为季节性植物，每年春季的时候种下，不断更新。

美丽的郁金香盛开在由勿忘草组成的蓝色花毯上

在露台上

　　勿忘草适宜种植在直径为40cm的花盆中，再搭配一束郁金香也很雅致。在无风的环境下，两者的搭配效果更好。尽量避免使用小花盆，除非培植了一些比普通体型更小的郁金香以及勿忘草品种。定期浇水，以保持土壤湿润。

郁金香

如果是在冬季比较暖和的地区，在9月就可以种下。

> 栽种位置： 在茫茫大地上，一朵朵美丽的郁金香点缀在勿忘草的海洋中。2种花交错种植，错落有致，美不胜收。

如何栽植？

> 土壤： 好的花园土壤必须有很好的排水性。土质疏松的土壤有利于勿忘草根系呼吸。在较黏重的土壤中，可掺入较多的沙砾使土质更疏松。

> 光照： 摆放在太阳照射的地方，使郁金香能够进行充分的光合作用。勿忘草则比较适合在最热的时候进行适当遮阴。

> 植物抗逆性： 郁金香的球茎适应性比较强，如果担心严酷的寒冬，可以在土壤上覆盖一层厚厚的落叶。勿忘草十分畏寒，最好每年春季栽种。

如何养护？

　　如果春季天气比较干燥，要经常浇水以保持土壤湿润。

> 郁金香： 对已经枯萎的花枝进行修剪，但要等到枝叶完全枯萎后才可修剪。

> 勿忘草： 花期过后对已经凋谢的花枝进行修剪。

小知识

　　郁金香有几十个品种和上千个变种，因为自14世纪以来，人们便对郁金香进行杂交。在16世纪，这些球茎受到了收藏家的狂热追捧，甚至达到了珠宝的价格。

黑种草和金光菊

黑种草 ↕ 50 cm ✿ 6~8月
黑心金光菊 ↕ 30~60 cm ✿ 7~10月

黑 种草和金光菊的组合带来柔和的蓝色和明亮的黄色，以绚丽的色彩营造出浓烈的田园风格。这些一年生植物都非常容易种植，并且能使花园充满假日气息。同时，这些花也能组合做成花束。

如何搭配？

在气候温暖的地区，每年早春播种。在其他地区，需要等到土壤回温时再播种。黑种草应该错期播种，以15天为一个间隔，这样便能够保持长达几个月的花期，期间花朵会自己不断更新。黑种草的花期很短，但随后会结实，较大的豆荚也具有装饰效果。

> **栽种位置：** 播种前应好好筛选种子并松土。播种时，将种子混合在一起，使颜色混合，营造出自然的效果。不要播种得过密，每一列间隔25~30cm，这样植物之间就不会竞争养分，互相妨碍生长。

黑种草

在露台上

如果要将这2种植物搭配种植在一个大露台上，至少需要种一簇金光菊，然后将黑种草围绕其四周。定期浇水，因为露台上土壤的水分流失速度远远快于大规模的花园，并在土壤上覆盖细小的颗粒如荞麦壳或者石板片，当作装饰物以及覆盖物。

如何栽植？

> **土壤：** 要有排水良好的土壤，最好是多孔隙的。这些植物能够忍受比较短暂的干旱期。多孔隙的土壤具有较好的保水能力，可使浇水不那么频繁。

> **光照：** 长期暴露在明媚的阳光下十分适合这些一年生植物。但也可以一天之内，有一段时间处于树荫下，以吸引传粉昆虫。

> **植物抗逆性：** 黑种草种子很耐寒。它们在春季到来时就能够长出新的枝条和花朵，在这种情况下，花期会变得比较早。金光菊种子也可以顽强地在地

里度过寒冷的冬季。

如何养护？

　　播种后，可以在土壤中混入细小的有机肥料，例如亚麻，甚至荞麦壳。这样能防止蛞蝓吃幼苗，尤其是金光菊的幼苗对其有巨大吸引力。

> **黑种草：** 收集一些种子准备来年播种，并将它们保存在一个密封的容器里。秋季气候干燥时将

其他尝试

· 在比较广阔的土壤上，可以同时种一些蓝色的鼠尾草，形成新的组合方式。

· 有几个品种的金光菊需要单独说明一下：'贝基'是最矮的品种，可将其种植在面积较小的花园里，并在其底部种一些黑种草。'果酱'高50~60cm，有一个巨大的花冠，且呈规律的心形。这是种在平地和做成花束最好的选择。

小知识

　　除了常见的开蓝色、白色或粉色花的黑种草（*Nigella damascena*），还有一种西班牙黑种草（*N. hispanica*），也可作为观赏性植物栽培。

金光菊
'贝基'

金光菊

所有干枯的枝叶修剪掉。

> **金光菊：** 季节性的剪除，使其在各个季节都能保持美丽的外观。此外，也可以剪下花枝制作花束，这样会促进新枝萌发。

六倍利和凤仙花

六倍利 ↕ 15~25 cm ✿ 6~10月
凤仙花 ↕ 30~40 cm ✿ 6~11月

几乎所有的园丁都喜欢六倍利，因为它爱开花！同样有这个优点的还有凤仙花。所以，可以将两者搭配起来种植，以达到极佳的装饰效果。但是要选择一个比较阴凉且通风的环境。

如何搭配？

这2种植物开花都很繁盛且花期很长，能从整个夏天一直开到第一次霜冻期。只要有适宜的土壤，无论是在花盆还是土地中，它们都能成活。这2种植物最大的优点是能够在很恶劣的土壤环境中存活。

> 栽种位置：可将六倍利种植在凤仙花前面或者环绕凤仙花种植。

不要选择色彩对比太过强烈的品种进行搭配，例如可用颜色鲜艳的凤仙花搭配淡紫色或者紫红色的六倍利。用花盆来栽种这些植物，以便更好地保持它们之间的距离（每株六倍利之间以20cm为佳，每株凤仙花之间以30cm为宜，六倍利和凤仙花间距以30cm为佳）。

花园中，六倍利和凤仙花华丽的组合

在露台上

在花盆中，应该将凤仙花种植在中间，因为它比较吸引眼球，然后将六倍利种植在凤仙花周围。

要好好把握凤仙花之间的间距，因为它们会生长得非常快

盆栽的六倍利和凤仙花

光照会对花期造成影响。但是，也不要将其放在太过阴暗的地方，这样凤仙花便不会开花，虽然六倍利能够照常开花。

> **植物抗逆性：** 这2种植物都来自气候温和的国家，在原产国，它们常年开放，但是在中国大部分地区是作为秋季播种的一年生植物。

如何养护？

如果将它们种在花盆中或露台上，那么规律的浇水就是必需的。如果种在花园中，要确保土壤湿润，当很长时间不下雨时，要对其进行浇灌。

> **六倍利：** 定期修剪残花以提供更多的养分给新开的花蕾。花末将枝条剪除。

> **凤仙花：** 要对培育土每年添加腐熟的堆肥。对于盆栽和在露台上种植的植株要定期施肥、浇水。花期结束时剪掉所有的枝叶，次年春季再更植。

如何栽植？

> **土壤：** 准备好优质的园土或者好的堆肥。对于这2种植物，充足的水分和富含有机质的土壤是必不可少的。虽然六倍利能够在不浇水的情况下生存很久，但是，花朵也会凋谢得特别快。

> **光照：** 应将这2种植物摆放在较阴凉的位置，因为它们不能耐受长期炙热的阳光照射，太强烈的

CLEOME PUNGENS, CLARKIA SP.

醉蝶花和山字草

醉蝶花 ↕ 1~1.5 m ✿ 6~10月
山字草 ↕ 20~60 cm ✿ 6~9月

这 一组合拥有小巧而繁盛的花朵，能够形成轮廓清晰的花球，颜色从鲜嫩的粉红色到艳丽的大红色。这2种花的组合常常会被种在花圃的边缘作为隔断，防止别人踏入。

如何搭配？

可以沿着围栏种植这2种植物以形成一个花带。浇灌足够的水，以免这2种一年生植物和灌木抢夺水分。在花园里，可以用它们分隔蔬菜区或不同种类的花。因为醉蝶花在一大片花中十分显眼。

> **栽种位置**：醉蝶花会占用很多空间，一般间隔50~60cm种植比较有利于它们的生长。与山字草（*Clarkia ameona*）一起种植时，可以将两者种在一条线上，醉蝶花种在后面，山字草种在前面。3月将醉蝶花的种子播种在有庇护的地方（温室中），5月下旬移栽到花园或者直接购买盆栽的花苗种植。

山字草会形成很浓密的花球，如果播种的时候足够密集，就能收获一张花毯，而且不给杂草留任何生长空间。它们的花期会持续一个半月，并且在这期间达到繁盛。如果4~5月直接把它们种在花园中，将会在7月至9月中旬迎来花期。如果3月的时候在温室里播种，那么花期将是6~7月。

如何栽植？

> **土壤**：这些植物喜欢足够新鲜的土壤，让其能够开花。应该在播种前的秋季就对种植的土壤进行松土、施肥来增加其肥力。

山字草

醉蝶花

如何养护?

> 醉蝶花: 在花期末,9月底到10月中旬时,将所有的枝条剪掉,不要等到枝条自行枯萎。如果要制作花束,就从茎的底部开始切割。

> 山字草: 这种植物易感染根腐病和冠腐病,这是因为土壤太过潮湿引起的。可选用堆肥或火山灰来改良土壤。花期结束后,剪除所有枝条,然后回收枝叶作为堆肥。

在露台上

如果露台不会受到强风侵袭,那么醉蝶花也可种植在露台的种植箱里,但必须保证其拥有足够的生长空间。

> 光照: 光照充足的地方是最好的,但是,如果种植在光照强烈的地区,最好将它们放置在每天有一段时间能提供荫蔽的地方。

> 植物抗逆性: 醉蝶花很喜欢炎热的气候,因为其原产地是巴西,最好等土壤回温时再播种。山字草也比较适应温暖的气候,但可以秋季播种,到来年的春季再移植。

其他尝试

·在土壤比较湿润的地方,可以将醉蝶花和桃叶蓼一起种植。桃叶蓼会开出和醉蝶花一样的紫色花朵。如果环境潮湿、阴凉,并且土壤的透气性和排水性良好,也可以将桃叶蓼、醉蝶花和山字草种植在一起。

·在风大的地方是不能种植醉蝶花的,可以用枝叶繁茂的禾本科植物,或者紫色的狼尾草代替它。如果给山字草支个支架,甚至可以将其种在海边。

桃叶蓼

天人菊和鬼针草

天人菊 ↕ 40~50 cm ✿ 7~9月
阿魏叶鬼针草 ↕ 40 cm ✿ 6~10月

天人菊

这种组合的魅力在于经典和永恒。它们能够很好地和花园整体配合，与假山和各种花盆都搭配得相得益彰，充分激发花园的魅力。这些植物很容易生长，适合初学者。它们能在漫长的夏季不断开花。

如何搭配？

鬼针草的体积较大，根据品种的不同，有的株型松散，有的紧凑。它是多年生植物，但常被作为一年生植物栽植。

> **栽种位置：** 这2种植物的组合可以种植在一大片花田的边缘。同时它们还可以与鼠尾草、风铃草、双距花搭配在一起种植。这些植物都非常容易成活，通常能够在比较老旧或者比较规整的花园里面发现它们的踪迹。

5月播种鬼针草，或者直接购买已经发芽的幼苗，这样更容易成活。同时播种天人菊。播种的时候应该好好估算空间以保证植物有足够的生长空间。可以采用撒播的方法，将种子和豆荚壳或亚麻

在露台上

● 天人菊和鬼针草在大的花盆以及花槽中也能很好地生存，尽可能选择阳光充足且避风的地方种植。

● 在花盆中，可单独种植鬼针草，因为它在整个花期中需要很大的生长空间，且生长速度非常快。

碎片混合在一起。对于较小的种植面积来说，最好使每棵植株之间保持25~30cm的距离。

如何栽植？

> **土壤：** 这2种植物对土壤的要求都不高，但是在疏松、排水性较好的土壤中生长得更好，并且它们还能接受弱酸性的土壤。相对而言，鬼针草更喜欢

比较肥沃的土壤，而天人菊则能够在较贫瘠和干燥的土壤中生存。

> **光照：** 将它们放在阳光充沛的地方，花朵会开得很繁盛，枝叶也会变得很茂盛。如果生长的地方一天中有段时间不能接受到光照，这2种植物将无法茁壮成长。

> **植物抗逆性：** 天人菊有很强的抗寒性，其种子能够在土壤中过冬，但冬季温暖的海洋性气候地区对它来说更合适。另外，天人菊还可以在海边很好地生长。鬼针草会一直开花到霜降期。

小知识

用天人菊制作花束是一个很棒的选择，可从外围的枝条开始修剪，这样就不会破坏中心部分的造型。如果夏季制作花束的频率十分规律的话，可以在花园的角落或者沿着墙壁种植天人菊，然后再沿着它种植鬼针草。

其他尝试

· 生命力很强的宿根天人菊（*Gaillardia aristata*）有些类似一年生植物（冬季枯萎）。它能够开出很大的花朵，茎长60~80cm。

· 如果要用来替换鬼针草的话，可以选择黄春菊(*Anthemis tinctoria*)。

一年生植物搭配

黄春菊

鬼针草

如何养护？

> **天人菊：** 剪掉凋谢了的开花枝，以促进植物生长。如果想在来年收获种子，在花季开始时就要剪掉凋谢的花朵，但是，在夏末仍在开的则要保留下来，因为它们会结出种子。花期结束后，将枝条全部剪除。

> **鬼针草：** 花期结束后，剪短茎秆。

矮牵牛和双距花

矮牵牛 ↕ 20~40 cm ✿ 6~10月
双距花 ↕ 30~40 cm ✿ 6~10月

这 2种植物可以从春季到霜降期持续开花，并且能够保持很长一段时间的盛花期。可以持续使用这种对生长条件要求不高的组合，并且根据自己的喜好，选择红色、蓝色或紫色，柔和的或者对比强烈的颜色。

矮牵牛

如何搭配？

矮牵牛根据品种不同，高度一般为20~40cm。它的叶片上长满了绒毛，摸起来非常舒服。它会在同一时期开出许多小花，并且不断地更新保持花朵持续开放。该植物的观赏性十分强，并且不需要太多的照顾。这是一个放置在露台和阳台都非常适合的组合。双距花是多年生植物，但因为不耐寒，所以一般也被看作一年生植物。双距花的植株非常密集，花期繁盛的时候，小花朵们甚至能够盖住植株的叶片。不同的品种会开出不同色调的红色花朵。如果有足够的空间，可将这2种植物种在花槽中，每棵植株株间隔25~30cm。

> **栽种位置：** 可将这2种植物在一条直线上交错种植。在足够大的花盆里大约每株间隔30cm种植，这些植物将不断地生长以至填满整个空间。如果选择了株型更直立、更紧凑的矮牵牛品种，即使种在比较低矮的花盆中，将仍然高于双距花。

小知识

矮牵牛包含许多品种，由于人们不断对其进行选择和培植，此种植物变得开花越来越繁盛并且花期越来越持久。

双距花

到最繁盛的效果。

> 植物抗逆性： 这2种植物都不耐寒。春播必须在室内或温室里进行，只有等土壤回温了才能够将幼苗移植进去，即要等到5月下旬，霜冻过去了才能移植。购买盆栽植株时，可以直接在5月下旬将其移栽到花园土壤里。

如何养护？

将有机肥料混合在水中，一个月浇灌一次，或者将缓释肥埋在土壤中，肥料会随着浇灌或者雨水慢慢渗透到土壤中。

> 矮牵牛： 定期剪除残花，以保证对新的花朵和枝条生长的营养供给。冬季剪除枝条，然后在下一个春季重新种植。

> 双距花： 注意防治蛞蝓，它们十分喜欢啃食双距花的幼苗。

在露台上

- 该组合需要用很大的花槽种植。
- 安装自动浇灌设备，以免疏忽。

如何栽植？

即使双距花比较耐旱，也一定要注意定期浇水，因为这2种植物在湿润的土壤中会生长得更好。

> 土壤： 这些一年生植物要求土壤肥沃、有足够的营养供给，以保证能够在长达几个月的时间内持续开花。

> 光照： 最好选择一个阳光明媚的地方来种植，这样能够更好地促进植物生长。虽然，矮牵牛即便在一天中有一部分时间处于荫蔽处也能生长开花。双距花则更喜欢充足的阳光，这样在花期才会达

其他尝试

- 可以在这个组合中加入白色的康乃馨、玫瑰，或者蓝紫色的费利菊，蓝色的五色菊。
- 如果种植在足够温暖和宽敞的土壤中，还可以将这2种植物和春季开花的还阳参属植物一起种植，这样就可以在春季一开始就进入花季。

COSMOS SP., ESCHSCHOLZIA CALIFORNICA

波斯菊和花菱草

波斯菊和硫华菊 ↕ 60~120 cm ✿ 6~10月

花菱草 ↕ 20~40 cm ✿ 6~10月

这 个组合很容易种植，因为它们对环境要求不高。这2种一年生植物的花朵颜色鲜艳，能够吸引蜜蜂和蝴蝶。将它们种植在花园的角落或者在城市和田园大面积种植十分有利于保护生物多样性。

小知识

波斯菊能够开出白色、粉色、红色和紫色的花朵。若需要橙色和黄色的花朵，可以选择种植硫华菊。

波斯菊

硫华菊

如何搭配?

> **栽种位置：** 可以将波斯菊和花菱草播种在花园或者菜园的栅栏旁。在大花园中，需要将各种花混合种植，以达到吸引昆虫传授花粉的目的。可以每种植物种子都买几包（也可以添加第三种植物，蓝莓），然后混合起来种在草坪的后方或者边缘的过道上。把它们种在果园或菜园的外围，能够很好地阻挡昆虫侵扰。

> **花期：** 为了让花期更长久，最好每隔15天，交替播种花菱草，因为它只需要一个半月就能完成一次花期的更新。如果进行大量的复种，并且将它们置于冬季很温暖的地方，那么下一年它会开出很多花朵。

　　如果将波斯菊和花菱草的种子混合种下，那么花期到来时，会有2种同时开放的花，并且到了夏末秋初的时候，波斯菊仍然会单独生机勃勃地开放，并且覆盖面积越来越大，最终形成一个繁茂的花圃。

如何栽植?

> **土壤：** 这些一年生植物在疏松、排水性好的土壤中能够更好地生长。虽然它们也能够在比较贫瘠和干燥的土壤中生存，但是如果生长在肥沃的土

花菱草

壤中，枝叶会更茂盛，花朵也会开得更加美丽，也不需要额外堆肥。

> **光照：** 在充满阳光且比较炎热的环境下，能够保证它们花期的繁盛。避免将其放置在一天中有一段时间阳光被遮住的地方，因为这种地方在春季其实是非常冷的。

> **植物抗逆性：** 花菱草十分耐寒，可以在早春播种，但其对于霜冻还是十分敏感的。波斯菊则正好相反，适宜在土壤已经回温的情况下，4~5月播种。

如何养护?

　　播种时期，要定期浇水，因为这段时期植株绝对不能缺水。

> **波斯菊：** 剪除残花。在植株长到大约20cm高时将顶端剪除，这样能够促进植物分枝。当然这不是必需的，如果种植在比较大面积的草坪或者大花坛里的话，可以让它们自然生长。花期结束时剪掉所有的枝叶。

> **花菱草：** 几乎没什么要求，如果土壤适合它生长，那么在第一年就会成长开花。

在露台上

● 在有遮挡或者有点风的露台上，将这个组合沿着露台的扶手或者墙面种植是十分合适的。可选择有一点点高度的波斯菊。

● 在多风的露台上，应该将其播种在防风的灌木后或者有棚架的地方。

● 植物发芽之前每天都要浇水，然后改成定期浇水，防止土壤干燥。

一年生植物搭配

VERBENA BONARIENSIS, LANTANA CAMARA

柳叶马鞭草和马缨丹

柳叶马鞭草 ↕ 1.2~1.5 m ✿ 7~10月

马缨丹 ↕ 40~50 cm ✿ 7~10月

这 个组合花朵繁多，而且对比非常鲜明，无论是乡村风格花园或是现代风格花园都很适合种植。生活在热带的马鞭草，轻盈的茎杆与盛开在顶端、色泽饱满的花朵组合在一起，形成一种原生态的场景。

如何搭配？

柳叶马鞭草在原产地其实是多年生植物，在地中海气候地区，还是能够保持这样的特性，但是在其他地区，生命周期会变短，变成一年生植物。如果数量够多的话，它也会自播繁殖。

马缨丹会沿着地面生长并且不断扩大最后覆盖地面，效果十分壮观。马缨丹在中国的大部分地区是作一年生植物栽培，因为它不能经受寒冷

小知识

不要将美女樱与柳叶马鞭草相混淆。柳叶马鞭草比美女樱株型更高。

的冬天。在温室中，它可以存活好几年，但在花园里，最好将其当作夏季开花的植物，每年进行更植。此外，在普通气候条件下，它长到50cm高时就会停止生长，而在非常温暖的气候条件下，它可以长到1.5m或更高。

> 栽种位置： 可以将马鞭草种在马缨丹后方，或者将马鞭草围绕马樱丹种植。在花园中，也可将这2种植物并排种植。最好购买盆栽的马鞭草，而不是自己

马缨丹

柳叶马鞭草

其他尝试

· 小叶马缨丹（*Lantana selhwiana*）也是花园中常见的品种，并且很容易成活，株高相对较高（80~120cm），有着非常轻盈的长茎。

· 在马鞭草科植物中，加拿大美女樱（*Verbena candensis*）是一种一年生的小型植物（株高20cm），细裂美女樱（*Verbena speciosa*）则能够长到40cm高。它们整个夏季都会开花，所以可以种在柳叶马鞭草旁甚至代替它。

播种。在气温较低时最好在有庇护的地方种植。

如何栽植？

> **土壤：**要进行松土，因为这些植物如果扎根很深会生长得更好。除此之外，它们几乎能接受所有类型的土壤。

> **光照：**这些来源于热带国家的植物，十分喜欢炎热的气候，并且能够在这样的气候条件下怒放。因此，它们很容易在南方地区成活、生长。

> **植物抗逆性：**这2种植物都不耐寒，而且在冬季不能存活。但是马鞭草的种子能够在土壤中过冬。因此在春季播种时应该注意，保证土壤已经回温，或者准备好花盆用以培植。

如何养护？

气候十分干燥时要为植物浇水。这些植物能够抵抗炎热的天气和干旱的环境，并且保持开花，当然如果在天气干燥时能为它们浇水会让它们更好地生长。

> **柳叶马鞭草：**在植株生长过程中要不断修剪凋谢的枝叶。花期结束后剪除植株。

> **马缨丹：**在植株生长过程中注意剪除残花。秋季时剪除植株。

在露台上

● 可将它们种植在露台上阳光充足且避风的地方，这样能够保证它们更好地生长。

● 将它们种在比较大、能够容纳2种植物生长的花槽中。马缨丹需要比较大的生长空间，所以每株马缨丹应该间隔50cm左右种植。

● 秋季结束时剪去植株，并种上能够耐受冬季严寒的植物，如一些常绿的灌木，可以将其常年种在这个地方，然后搭配一些夏季开花的一年生植物。

最好的蔬菜伴侣

　　刚开始种植蔬菜时,可以从一个比较小的菜园或者比较简单常见的蔬菜入手。成功种植蔬菜的关键在于,掌握应该将哪些蔬菜种植在一起或者哪些蔬菜需要避免种植在一起的相关知识。因为通过长时间的经验积累,我们发现相邻植物会对彼此的生长造成影响。

适宜与不适宜的搭配

> 关于蔬菜的种植搭配知识,从中世纪开始就有了研究。僧侣们会在花园里种植一些简单的药用植物和供自己食用的蔬菜。他们的观察和实验为之后园丁们的劳作奠定了基础。适宜的植物搭配与不适宜的植物搭配就像朋友和敌人一般。我们确实可以发现,相邻植物排放到土壤中的物质会相互影响,从而起到吸引或驱除害虫的作用。

> 如果已经开始规划菜园了,便要集中精力考虑优先种一起和避免种一起的植物。这些基本的知识能够让你逐渐熟悉每种蔬菜的特性,并掌握一些有用的技巧。可以先尝试一些比较常见的搭配,因为除了这些搭配之外,其他的植

卷心菜搭配生菜

最好的蔬菜伴侣

以下有几种适合种植在一起的蔬菜:

– 茄子和豆角、豌豆

– 甜菜和卷心菜、洋葱

– 卷心菜和生菜

– 胡萝卜和大蒜、洋葱、韭菜

– 西葫芦和豌豆、豆角

– 菠菜和生菜、韭菜、豌豆

– 胡萝卜和洋葱

– 胡萝卜和辣椒

– 西红柿和罗勒、洋葱

– 西红柿和胡萝卜

物需要用到轮种的种植方式。也就是说，每年都要改变土壤中种植的植物品种，防止土壤贫瘠和疾病的传播。

> 那些作为首选的组合一般是因为以下几个原因。

● 2种植物能够在同一块土壤上共同生存并且不会形成竞争关系而带来不利影响。

● 2种植物需要的生长条件是相同的，即它们对土壤条件和水分的需求都是相同的。例如西红柿和罗勒，这2种植物都需要丰富的养分和足够的水分。

● 2种植物种植在一起可以更好地利用种植空间：一些生长较高的植物，如绿叶蔬菜（菠菜、生菜……）和向下生长的植物，如根茎类的蔬菜（胡萝卜、白萝卜、红皮白萝卜……）交叉种植，可以减少种植面积或者可以在单位面积里种植更多蔬菜。

> 通过搭配种植不同的蔬菜品种以获得抵御害虫的效果。 这种组合对于希望菜园里的植物通过有机方式生长的主人来说，是必不可少的。例如，可以将百合科植物（洋葱、小葱、韭菜……）与一些果树搭配种植。

> 在菜园中种植香草植物是十分受欢迎的， 因为它们可以起到驱除昆虫的作用。可以为一些好的香草品种预留一些空间，和蔬菜一起种植。香菜、韭菜、薄荷、罗勒、细叶芹、龙蒿、芹菜可以种植在一起并且要勤浇水。而喜欢生长在阳光下的香草植物，例如百里香、迷迭香、风轮菜和牛至都是十分耐旱的，可以将它们环绕菜园种植：它们可以将害虫赶得远远的。

> 开花植物同样是蔬菜的朋友， 因为它们可以使昆

一些能够防虫的搭配

以下的组合能够帮助你获得健康的作物：

– 茄子和豆角

– 胡萝卜和韭菜（包括所有与韭菜同类的芳香植物：大蒜、洋葱、香葱等）

– 胡萝卜和鼠尾草、迷迭香

– 卷心菜和百里香、鼠尾草、薄荷、芹菜

– 南瓜和旱金莲

– 黄瓜和马郁兰

– 西葫芦和马郁兰

– 玉米和豆角、豌豆

– 土豆和芸豆

将胡萝卜和洋葱搭配种植可以达到互相保护的效果

植物之间和谐共处，是花园繁盛的保证

虫转移目标，通过开花吸引昆虫授粉。同时它们还能够给菜园增添色彩和活力，有一些甚至可以用来做成花束。例如，大丽花与西葫芦、南瓜、假荆芥属植物在一起种植能够吸引蜜蜂和瓢虫。苋菜比较容易引来鸟类觅食，可以将其与风信子和克拉花搭配种植以转移鸟类的注意力。此外，风信子和克拉花还能用来制作花束。

> **一些需要避免的搭配是为了避免种植在一起会相互产生不好的影响。** 某些蔬菜或者香草十分讨厌那些会影响它们生长的植物靠近，例如当胡萝卜与薄荷搭配种植时，薄荷会抑制胡萝卜的生长；大蒜会妨碍菜豆类植物的生长；茄子和土豆会影响西红柿的生长。请记住一些需要避开的主要搭配。也可以自己做实验，然后验证和改进相关结论，因为在这方面尚存在很大争议。

种植和养护建议

> **准备土壤是第一步，要小心整理。** 菜园的土壤质量决定了种植在其中的蔬菜的生长发育情况和产量。有些蔬菜的种植需要足够肥沃的土壤，但也有一些，

某些具有特殊气味的香草植物可以抵御害虫的侵袭

一些在种植中需要避开的搭配

　　这些植物不适宜混合种植在一起，要避免它们在种植时彼此靠近。

－ 甜菜和豆类

－ 胡萝卜和薄荷

－ 芹菜和香菜

－ 卷心菜和草莓

－ 黄瓜和鼠尾草

－ 西红柿和其他茄科植物（茄子、土豆……）

根据蔬菜的品种决定播种的深度，然后轻轻覆盖上土壤，再用比较细密的水源浇灌

如胡萝卜、白萝卜、洋葱、大蒜、韭菜，并不需要太过肥沃的土壤便能够很好地生长。对土壤肥力需求较大的蔬菜，如西葫芦、西红柿、卷心菜、南瓜和茄子，如果种在贫瘠的土壤中，则什么都生产不出。改良土壤肥力最好的办法就是在前一年的秋季对土壤添加堆肥或者在土壤上覆盖一层厚厚的干树叶、木屑、绿肥，或切碎的木材、草屑，当作有机肥料。这些物质会在冬季分解，使土壤变得更肥沃。

> 松土是十分重要的第二步。比较疏松的土壤可以直接用手指轻松拨动，然后种植各种蔬菜，尤其是根茎类蔬菜。如果在第一年深层松动土壤达15cm，可以改变土壤表层结构和杀死对种植有影响的微生物。同时还可以与覆盖有机物和添加肥料相配合进行，改善土壤状况。

> 如果对土壤进行了翻动和整理，那么播种会十分容易。可以按照直线播种，用有手柄的工具（根据花园的大小选择耙、锄或播种机），在菜园的每一小块区域中挖出一条小沟即可。

> 点播就是一行一行有规律地间隔播种。种植豌豆或者菜豆等攀爬型的蔬菜时，如果种植在比较特定的场所，如露台的花槽、花盆中，用来播种的洞穴就要相对大一点，最好一个洞可以同时容纳3~4棵植株。等这些植物生长出来，再从中挑选1~2棵最强壮的留存下来。

> 对于幼苗而言，最好将它们放在寒冷时期有所庇护，使稚嫩的幼苗能免受寒冷侵袭的温床或温室中。最好购买已经种植在花盆中的幼苗，或者是带泥土块的幼苗，然后等到霜冻结束，土壤回温之后，再将其移植到地里。这种方式同

样也减轻了日后整理和清点植物的工作，因为每一个放置的植物都已经有了合适的间距和适宜的相邻植物，不需要再改动。当然购买这些幼苗的成本自然要比购买种子高，但是这样会减轻工作量，而且会减少因为寒冷霜冻或者成长过慢导致的幼苗死亡。

> 对于作物之间裸露的土壤的浇灌要十分注重规律性。仅仅依靠人工浇灌和自然降水并不是管理土壤中水分的最佳方法。可以在裸露的土壤表面覆盖一层草褥，

覆盖作物间裸露的土壤表面，以保持土壤湿润，并保护作物免受杂草干扰

移栽幼苗

使其更好地锁住水分，保持土壤湿润。在气候干燥时期，相较于裸露的土壤，覆盖了草褥的土壤变干燥的速度较慢。浇灌的次数取决于当地的气候。自动浇灌系统最好安装在花槽的作物下方。

胡萝卜和韭葱

这个搭配是自中世纪以来便广为人知的，人们早在那时就已经发现当这2种植物种一起时，都能够健康生长，并且可以相互影响从而使害虫远离它们。

如何搭配？

胡萝卜对于危害韭葱的衣蛾以及蓟马具有驱逐作用，如果将韭葱种植在胡萝卜周围能使这些害虫远离它们。这个有用的组合也十分符合美学原理，因为胡萝卜稀疏、蓬松的叶片正好和韭葱笔直的线条相映成趣。

> **栽种位置：**最简单的种植方法是交替种植，即一行胡萝卜和一行韭葱交替，若要优化生产、提高

其他尝试

· 胡萝卜和百合科的其他作物，如大蒜和洋葱，也可以成为很好的搭档。金盏花对于某些昆虫的驱逐作用也可以帮助胡萝卜摆脱一些寄生虫和有害昆虫。

· 在韭葱附近种植草莓也是十分理想的。此外，在其周围种植其他一些一年生或者多年生的作物，如芹菜、菠菜、西红柿、甜菜、生菜，也很合适。

产量，就需每隔两行交替种植。在一个方形的菜园中，可以将土地分割成若干独立的小块，然后将这些小块分别交替种上胡萝卜和韭葱。

将胡萝卜和韭葱种植在一起，两者都能长得漂亮又健康

胡萝卜

保留最强壮的。所有的幼苗都控制在8cm高左右。

> **土壤：** 土壤应该肥沃、深厚且排水性好。注意不要让土壤变得过于干燥，因为土壤在缺水的时候容易板结。

> **光照：** 充足的阳光是必需的。这种状态下，作物会生长得更好。

> **需要避免的种植搭配：** 胡萝卜不喜欢薄荷和鼠尾草。当韭葱和蚕豆、豌豆，及其他豆科植物种在一起的时候，会影响其生长。此外还要避免接近覆盆子和朝鲜蓟。

如何养护？

定期浇水是必不可少的，决不能让土壤干旱。用稻草等物覆盖土壤表面，以保持土壤中的水分。可在植株下方安装自动灌溉系统。另外，如果定期浇灌，保持土壤疏松，在拔出韭葱的时候，会变得十分轻松。

> **胡萝卜：** 拔出胡萝卜的时候可以借助叉子，以免损坏胡萝卜。在地势较高的菜园中可抓住胡萝卜上部叶片的底端，将其拔出。

> **韭葱：** 如果想切掉部分韭葱，当它们长到大约铅笔的高度时，可将其根部切断，保留1cm左右，并将枝叶切短至距白色部分3~4cm。注意，应该每年更换种植的土块，而且不要在过去一年种植过洋葱、葱和大蒜的土壤上种植韭葱。

如何栽植？

> **播种/种植：** 7月，将购买的盆栽韭葱移植到土里，同时播种胡萝卜。或者4~5月将韭葱小心地播种到已经回温的土壤中，7月再将其移栽，同时在6月播种胡萝卜。将胡萝卜播撒在深约1cm的小洞中，然后盖上土壤，夯实并用细密的水源浇灌。在这个过程中，要不断整理幼苗，并

小知识

这个搭配因为驱虫效果显著而被大家知晓，但是要发挥它们的优势。对抗害虫，还需要其他保护措施。可以设置一个防虫网（即比较细密的网），放置在播种的土壤和幼苗的上方。

韭葱苗

桃子和大蒜

在气候适宜的地区，桃树能够结出许多汁多味美的桃子，但是缩叶病常常会影响其收成。为了避免这种疾病对桃树造成危害，可以将大蒜种植在桃树的附近。

桃树

在露台上

可以将矮化之后的桃树品种种植在露台上，这样能保护桃树的果实不受风寒侵袭。也可以将其种植在大花槽中，同时将果树和细香葱搭配种植。

如何搭配？

种植桃树时需要在其周围留出一定空间，便于收获水果。大蒜可以直接种在果树下。大蒜驱逐害虫和真菌的属性能够阻止缩叶病对桃树叶片和果实的危害。

> **栽种位置：** 在小型花园中，应倾向于选择矮化的桃树品种。在这种情况下，只要在树干周围种植3棵大蒜就可以了。如果有更多的空间，可以通过嫁接让果树变得更加强韧——树枝会在第一年就舒展开来，枝叶也会变得更加坚韧。那些被改良过的、中等高度或者比较矮的桃树的树冠和枝条的高度，使我们能够很容易就采摘到果实。可以将大蒜的小鳞茎环绕桃树种下，大概每隔30cm种植一棵，种一两排，或者干脆种上几丛不同的大蒜（白蒜、紫皮蒜和红皮蒜）。

覆盖种植大蒜的土壤表面

其他尝试

　　细香葱有着和大蒜相同的属性,如果希望植株开花的话,可以在小花园中用它来代替大蒜。在同样的条件下,也可以选择比较大的、开白色或者紫色花有装饰效果的大蒜品种,它们也可以在春季和初夏给菜园带来许多活力。

> **需要避免的种植搭配:** 大蒜不喜欢和豌豆以及菜豆种植在一起。

如何养护?

　　第一年要对作物进行规律性的浇水(5月须减少浇水量),以保证桃树在收获季节获得好的收成。在夏季比较炎热和干旱的情况下,每隔15天就要进行一次充足的浇水。

> **桃树:** 每隔3年,冬季植被开始变绿之前,对树枝进行修剪(1~3月)。剪除过老的结果枝以及过长的枝条,接着将长在上部的枝条剪短,以促使下面枝条的生长和结果。

> **大蒜:** 秋季,当叶片开始变黄时,用小铲子将蒜头从泥土中挖出,将它们放置在地上或者户外的桌子上风干3天。

如何栽植?

> **种植:** 桃树的种植最好在秋季进行,可以购买盆栽的苗或者直接购买裸根苗。首先要确认好桃树的品种,并与其他灌木和栅栏之间留出3~4m的距离。因为一旦种植,它会在这个地点存活15~20年。种植白蒜和紫皮蒜也应该选择秋季,红皮蒜则可以埋在土里越冬。种植时,应该将大蒜的鳞茎头朝上,另一端埋在土里大约2cm深。

> **土壤:** 一片好好整理过的,土层深厚且排水良好的土壤对于这2种植物来说是必需的。土壤不能太过板结或者太过潮湿。桃树非常不喜欢干旱,却能够在多石块的土壤中生存,在种植前6个月就要开始施用堆肥以提高土壤的肥力。

> **光照:** 桃树是一种十分喜爱炎热和阳光的果树。不过,它也十分耐寒,至少能够耐受-20℃的低温。但是,春季出现的寒潮,会影响它的花期及结果。所以当春季出现持久的霜冻时,应该在枝叶上面加盖防寒罩,白天的时候将其掀开。

大蒜

西红柿和孔雀草

这是用来帮助西红柿对抗线虫的一种搭配组合。孔雀草可以帮助西红柿驱避寄生虫和昆虫。这个组合十分容易种植而且色彩鲜艳，在花园、菜园、露台都可以看到它们的身影。

如何搭配？

西红柿需要有足够的生长空间，因为当其枝叶生长受限的时候，容易受到疾病侵袭。此外，西红柿的果实也需要尽可能地接受光照，这样才能更好地生长。

> **栽种位置：**每株西红柿最少要间隔50cm，它们可以沿着围栏呈直线种植，或者单独在开阔的地面上种植作为装饰。孔雀草一般不会超过30cm高，所以在种植西红柿幼苗的时候也可以将其种下，

在露台上

即使选择的是樱桃西红柿这种果实比较小的品种，也应该准备一个比较大的花槽种植。每株保留45cm的间距能够保证更好的空气流通和充足的光照。将孔雀草沿着花槽的边缘播种或种植。

每株植株大约间隔20cm。每一株西红柿都要搭配种植孔雀草，以便更好地发挥孔雀草的作用。可将西红柿种植在花槽中，然后将孔雀草种植在其边缘，使孔雀草成为西红柿的专属搭配植物。

如何栽植？

> **种植：**将购买的西红柿幼苗，在最终的霜降过后，大约5月中下旬，种植在土壤中。与此同时也将孔雀草种下并且注意较为频繁地浇水，用比较细碎的有机肥料覆盖在土壤上。

> **土壤：**西红柿对营养元素的消耗比

种植好西红柿后，要马上帮其树立一个小木桩作为支架

西红柿

较大，所以更偏爱较为肥沃的土壤。在第二年的时候仍然可以种植在相同的地方，只是秋季要对土壤进行施肥修整。在花槽中，要使用专为西红柿准备的蔬菜肥料为土壤增肥。

> **光照**：这个搭配如果没有足够的光照或者种植得太过拥挤就不会生长或者不会结果。如果因为所处的地区气候特别恶劣而将西红柿种植在温室里时，一定要注意每天给温室通风换气。

> **需要避免的种植搭配**：西红柿不喜欢在其周围种植豆角、黄瓜、卷心菜、土豆、甜菜、豌豆，以及茴香。孔雀草几乎能够和所有的蔬菜搭配组合。

如何养护？

> **西红柿**：定期浇水，防止果实在成熟时期缺水。在西红柿的生长过程中，要将它的主要枝条用小木架支撑起来。像樱桃西红柿这类果实

比较小巧的品种，无须控制每根枝条的长短。对于果实比较大的西红柿品种则需要修剪主枝上的前5根枝条，同时减去枝叶叶腋间的嫩芽。当西红柿植株已经开始茁壮成长的时候，底部的枝叶也要修剪掉。在植株成长初期，可以对其施以粪肥。植株开始结果的时候，可每隔15天对其施粪肥。

> **孔雀草**：这种植物对环境的要求并不多，而且易开花，生命力顽强，在给西红柿浇水的时候，顺带给它浇水就可以了。注意剪除残花，以留下更多的养分供给新的花蕾。

其他尝试

·在大菜园中，可以种植一行旱金莲在西红柿之间。这些旱金莲可以吸引蚜虫等害虫，这样就可以让西红柿免受这些害虫的侵扰。要将旱金莲上被蚜虫侵害的枝条全部剪除。

·西红柿也可以和胡萝卜种植在一起。这个搭配十分有利于节约和优化种植面积。

·西红柿和罗勒搭配在一起种植也是十分理想的，因为两者的习性非常相似。

·所有用于厨房调料的植物（除了茴香）对于西红柿来说都是十分不错的搭配对象。

旱金莲可保护西红柿远离蚜虫的侵害

甜玉米、南瓜和豌豆

这个搭配在墨西哥已经有很长时间历史了，非常实用并且结出的果实也很多。豌豆能够将玉米当作攀爬的依靠，同时为土壤里面的其他作物提供氮肥元素。南瓜苗可以直接覆盖在地面上，以保持土壤的湿度。

使它们能够互相较好地传粉。播种时，每行之间距离60~70cm，然后间隔约1m再种植两行玉米。豌豆可以种植在每株玉米的根部，南瓜可以种在玉米行列之间的间隙中。

如何搭配？

只需留下菜园的一个角落给这个组合，这些植物就能够很好地生长。甜玉米应该多种几行，

如何栽植？

> **播种/种植：** 在土壤已经彻底回温后，约5月，播种甜玉米。每一个种植穴里（每个穴约2cm深）约放3颗种子，每个种植穴间隔约70cm。等幼苗长出来后，每一个种植穴里只保留最强壮的那棵幼苗。等玉米长到40cm高的时候，将3颗豌豆

甜玉米

豌豆

种子种在每株玉米苗的根部，等豌豆幼苗长大后，每3株幼苗里保留较强壮的2株。在玉米行列的间隙中，每隔1m，种上3颗南瓜。等到南瓜幼苗长到10~15cm高的时候，只留下最强壮的那一株。

> **土壤：** 这3种植物都要求土层深厚、疏松、肥沃且排水性、透气性好的土壤。

> **光照：** 对于这些植物来说，充足的阳光是必需的。玉米因为长得高，所以会有影子折射到土壤上，从而对南瓜起到一定的遮蔽作用。一旦玉米收割完，南瓜便会开始成熟。

> **需要避免的种植搭配：** 想要成功种植这些作物，就不要将西红柿种植在玉米附近；土豆和卷心菜不要种在南瓜附近；洋葱、大蒜和韭菜不要种在豌豆附近。

如何养护？

如果碰到不下雨的时候，记得按时浇水以保持土壤湿润直到植物发芽。接着，可以在植株周

南瓜

围的土壤表面覆盖一层厚厚的有机物（稻草碎屑、亚麻等），这一层覆盖物可以在2次浇水之间或者2次降水之间保持土壤的湿润。

> **甜玉米：** 当植株长到30~40cm高时，轻柔地在其根部堆土，以增强植株的稳固性。根据品种（早熟或晚熟品种）的不同，在播种3~4个月之后进行收割。玉米成熟时，果实是软软的、圆滚滚的，用指甲划破果实，会渗出乳白色的液体。收割完果实后，要拔除茎秆，如果茎秆十分健康，可以切碎或研磨成粉，做成堆肥。

> **南瓜：** 切除南瓜藤，每根南瓜藤保留2个南瓜即可。果实采摘后，可将其储存在地下室、地窖或者大棚等使它们不会相互接触，并且不受霜冻侵害，干燥的环境里。最好的储存方法是用网将其悬挂起来，例如挂在房屋横梁上。

> **豌豆：** 每隔2天采摘一次，防止果实变得坚硬。采摘期从播种后的2个月到2个半月开始。

小知识

豌豆种子的外面有一层坚硬的外壳，为了提高发芽率，可以在播种的前一天，将它们在温水中浸泡一晚。南瓜种子对寒冷十分敏感，所以应该在5月，等最后的霜冻过了之后再播种。当然，也可以购买幼苗来代替播种，这样的话可以在5月底或者6月初将其移植。这些幼苗在实体苗圃店或者网店都很容易买到。

草莓和细香葱

这 个组合在花园中十分有活力。细香葱可以保护草莓免受真菌侵害，并且在整个植物繁盛的季节都能够发挥作用。如果冬季不是太过严寒，到了第二年，细香葱仍能继续发芽生长。

在露台上

这个搭配如果种植在露台或者阳台上是十分理想的，因为无论草莓还是细香葱都能够在花盆和花槽中很好地生长。最好选择一个足够大的容器，能同时种下1株细香葱和2株草莓。在种植草莓的花盆中，可以种上2~3株细香葱，具体数量可以根据花盆的尺寸而定。

如何搭配？

1株细香葱搭配3~4株草莓就足够了，并不需要将草莓和细香葱间隔种植得十分规律。

如何栽植？

播种/种植： 草莓最好在9月或10月种下，并于播种后7~8个月开始结果。根据品种的不同，每株之间的种植距离为20~35cm。草莓通常能够生长2~4年，在这之后，应该更换植株。种植前，将包裹根部的土团浸泡在水中，使其充分湿润。

不要将植株埋得过深。种下后要马上在周围的土壤表面覆盖一层覆盖物（亚麻、荞麦），这样土壤就不容易干燥，而且在寒冷的时节还能对植株

细香葱

起到保护作用。

　　可在春季直接购买细香葱的幼苗种植,这样就能够更容易和准确地将细香葱种植在菜圃或花盆、花槽中比较适宜的地方。在一个比较大的菜圃中,如果要成行种植细香葱,须注意合理布局空间。

> **土壤:** 最好选择比较疏松、肥沃且排水性好的土壤种植,并可通过堆肥来增加土壤肥力,因为草莓对土壤营养元素的需求比较大。

> **光照:** 充足的阳光对于草莓的成熟非常重要,但是在一天中最热的时候能够有一些轻微的遮阴对于保持土壤的湿润是很有帮助的。

> **需要避免的种植搭配:** 草莓不能和卷心菜种植在一起。细香葱属于百合科,同样也不喜欢卷心菜,并且在种植的时候还要远离菜豆、豌豆、蚕豆、扁豆等。

草莓

其他尝试

　　·对于这个组合,最好的替代品就是在菜园中种植健康的香草植物。只要种植在新鲜、湿润的土壤中,细香葱能和所有健康的香草植物一起生长。此外,细香葱还能对甜菜的生长产生积极作用。

　　·如果将草莓和生菜、豆角、大蒜种植在一起也会生长得很好。

草莓和生菜

如何养护?

　　在比较干旱的时节,一定要注意灌溉的规律性,特别是种植在花盆和花槽里的植株。

> **草莓:** 早春,清除土壤覆盖物,以帮助土壤尽快回温。除草1个月后需更换土壤覆盖物。这些覆盖物能够保护植株免受溅起的水流伤害(在浇水和下雨的过程中),并且还可以减少蚂蚁的数量。根据不同品种对第一批过早开花的花朵进行修剪。可以在植株上方围上细网,保护其不受鸟类的侵袭。

> **细香葱:** 在细香葱的生长过程中,根据需要沿着根部割去嫩叶。植株种植约3个星期后便可开始收割。将那些没有开花的枝叶切割下来以供使用。

酸模和欧芹

如果你喜欢酸模略带酸味的口感，你会发现如果将它和欧芹等香草植物种植在一起会容易生长得多，而和根系发达的植物种植在一起，则会生长不良。

欧芹

如何搭配？

酸模和其他不需占用太多空间的一年生香草植物搭配种植是十分合适的。这种多年生植物一般能够存活4~6年。之后，就要选择另一个地点种植并且更换植株。由于酸模的根系很容易被其他植物干扰，所以可以将它种植在边缘地带，这样也比较好收割。酸模和欧芹是最好的搭配组合之一，因为这2种植物都十分喜欢湿润的土壤。另外，欧芹的枝叶不会影响酸模枝叶的生长。

> 栽种位置： 在一个比较传统的菜园中，应该留出一个角落种植香草植物，然后将酸模种植在其边缘。在一个形状规则的菜园中，可以留出一个完整的区块种植酸模，或者将整个菜园的边缘都种上酸模。

如何栽植？

> 播种/种植： 4~5月，将酸模种植在种植箱中，并对其进行遮蔽，然后等幼苗长出4~5片叶片的时候将它们移植到地里，每行中每棵植株大约间隔20cm。如果没有时间准备幼苗，可以直接购买，然后再移植到地里。等植株长大后对其进行分株也是一个增加数量的方法。如果自己播种，可将酸模的种子播在深约0.5cm的沟槽中，不要播得太密集，然后盖上土、夯实，并用比较细密的水浇灌以保持土壤湿润。要一直保持

小知识

酸模的草酸含量十分高，在大剂量的时候具有毒性。所以食用必须适量，尤其是患有风湿和肾结石的人。

酸模

芹菜、卷心菜、豆类、生菜和豌豆的旁边。

如果养护？

这2种植物的嫩叶都很容易吸引蛞蝓。可以考虑当幼苗刚刚破土时，在土壤表面覆盖一层细碎的覆盖物（亚麻、荞麦壳等碎屑）或者使用一些抗蛞蝓的生物性药物。

> **酸模**：一般播种后3~4个月就可以采收，然后根据需求食用。在叶片还十分鲜嫩的时候，便可以切割下来做成沙拉食用。等到叶片变厚，就比较适合炒着吃。适当剪除一些开花的枝条，以促进叶片的生长。

> **欧芹**：根据需要，沿着根部剪除枝条。如果土壤和光照都十分适合其生长，可以进行补植。

表层土壤湿润直到种子发芽。由于欧芹需要一段时间才能发芽（2~4周），所以应提早播种。

> **土壤**：避免使用石灰质土壤，因为酸模在这样的土壤中无法生长。应选择深厚、肥沃、排水性好的土壤。在植株中放置多孔的浇灌管道，可以很好地保持土壤表层湿润，并避免水的浪费。

> **光照**：酸模和欧芹都比较喜欢充足的光照，同时也都希望在夏季最热的时候能够有点荫蔽。最理想的种植地点是：只在夏季的早晨照射得到太阳，其余时间均能处于荫蔽下的地方。

> **需要避免的种植搭配**：所有根系发达的蔬菜都要避免种植在酸模附近。不要将酸模沿着篱笆种植，或者种植在生长力特别强的多年生植物旁边。薄荷对于酸模来说也不是个好的搭档，因为薄荷有侵占土地的倾向。欧芹对于某些侵害蔬菜的害虫具有驱避作用，但它不喜欢种植在

其他尝试

欧芹可以和所有的香草植物以及许多蔬菜搭配种植，特别是和西红柿、萝卜，以及细香葱搭配十分合适。

欧芹和细香葱

萝卜和叶用甜菜

种植简单，容易管理，这个组合可以最大化地利用空间。当然，如果有足够的空间，它们也可以在菜园或者阳台上好好生长。

如何搭配？

　　叶用甜菜的生长需要足够的空间和比较深厚的土壤。这种蔬菜的茎叶能够达到30~40cm高，甚至更高。它的枝叶能够对土壤起到略微遮阴的作用，这样萝卜会因为土壤能够保持阴凉而生长得更好。萝卜能在叶用甜菜行列的间隙中很好地生长，因为它的生长并不需要太多的空间，而且其地下的根系也不会与叶用甜菜争夺空间，所以将这两者种到同一块土地上是可行的。

> 栽种位置： 如果打算种植2行叶用甜菜，那么每行应间隔50cm左右，然后将萝卜种植在行间。如果有足够的空间单行种植叶用甜菜，可将萝卜种植在叶用甜菜的两旁或者是沿着边缘种植。

如何栽植？

> 播种： 当土壤回暖，霜冻过去之后，4~5月，将4~5颗叶用甜菜种子播到种植穴中，每个种植穴大约间隔40cm，穴深大约3cm。覆盖好土壤，夯实，再浇灌。当幼苗长出3~4片叶片的时

在露台上

　　无论种植在花槽还是花盆中，只要这个容器至少有50cm宽就可以。如果想要有比较好的收成，最好采用一个1.2m长、50cm宽的花槽，这样便可以在其中种植两排叶用甜菜，并在行间种植萝卜。可以为土壤施肥并在缺乏降水的时候对其进行规律的浇水。

叶用甜菜

萝卜

候，进行间苗，保留最强壮的幼苗。拔掉的幼苗可以做成沙拉食用。在播种叶用甜菜的同时播种萝卜。如果萝卜是圆形的品种，种植穴大约深0.5cm；如果是长形的品种，种植穴深大约2cm。

> **土壤**：肥沃、疏松且排水良好的土壤最理想。注意不要将叶用甜菜种植在不适合其生长的酸性土壤中。播种前要仔细地松土和除草。花槽中施

其他尝试

• 萝卜和能够防止它被甲虫或其他害虫侵袭的生菜等种植在一起十分有利。

• 叶用甜菜的枝条和叶片能为菜园提供美丽的色彩。它能够种植在露台上起到装饰作用，或者种植在菜园的边缘、花园的中央。叶用甜菜现存有11个品种，有鲜红色、浅黄色、深黄色和白色的。一般来说，白色的通常用来食用。但是黄色和红色品种的嫩叶和鸡蛋或者其他蔬菜一起炒也十分美味。

过肥的土壤就是十分理想的种植环境。

> **光照**：像大多数蔬菜一样，叶用甜菜也需要充足的阳光才能生长。萝卜同样需要足够的光照，但也要注意保持土壤的阴凉，尤其是在一天中最热的时候。

> **需要避免的种植搭配**：叶用甜菜与大多数蔬菜都能一起很好地生长，但是有些园丁认为，叶用甜菜要避免和韭菜、菠菜和豆类植物种植在一起。萝卜讨厌和韭菜、西葫芦、卷心菜、黄瓜种植在一起。

如何养护？

将稻草覆盖在植株幼苗之间的地面上以便土壤能够长期保温、保湿。时常为土壤浇水，特别是在天气比较炎热或气候比较干燥的时候。

> **萝卜**：根据品种的不同，在萝卜生长4~6周后，即可每隔两三天采收一次。

> **叶用甜菜**：在生长期达到2个至2个半月时，就可以根据需要从根部将茎叶摘下。茎叶往往越幼小口感越鲜嫩。

茄子和矮生四季豆

这个搭配的优点是能够节约菜园的种植面积。这2种多产的蔬菜是十分好的搭档。茄子会占据高处生长，而矮生四季豆则会贴近地面生长。

如何搭配?

可以在露台的花槽中，靠着墙壁或围栏种植一排茄子，然后将矮生四季豆种植在茄子前方。茄子的茎叶可以搭在围栏上，防止植株倒塌。在比较规整的菜圃中，可将茄子种在中央，然后将矮生四季

> ### 小知识
>
> 在茄子和矮生四季豆的生长过程中要给它们提供足够的营养以保证其生长。如果想同时种下2种植物，在晚春霜冻十分严重的地区，要等到5月底至6月初的时候才能种下。将矮生四季豆的播种交错进行，一直延续到7月中旬，这样可以延长收获期。

豆围绕其种植。在这种情况下，要给每株茄子打个小木桩。在比较传统的菜园中，矮生四季豆可以作为间作的植物，种植在每一排茄子的中间。此时，可以用藁杆或草褥覆盖一部分土壤。

如何栽植?

> **播种/种植:** 如果没有温室，而且你是一个刚入门的园艺爱好者，那么就直接购买种植在花盆中或者带土块的茄子幼苗。这样可以省去大量播种、清理和幼苗移植等方面的工作。同时，这些幼苗在土壤已经完全回温，霜降已经结束的时候再移植到土地中，可以生长得更好。也就是说寒冷地区要在5月末至6月初时再移植。

每株茄子间隔大约50cm。在每一个种植穴的底部放置一些堆肥，再盖上一些种植土或者泥炭土，这样前者就能自我分解并增加土壤肥力。

播种矮生四季豆的前一天，将种子浸泡在温

茄子

矮生四季豆

葱、葱和韭菜等植物相伴，同时，它还讨厌与叶用甜菜、茴香种植在一起。

如何养护？

在矮生四季豆发芽之前，注意保持土壤湿润。植物之间的土壤最好用稻草覆盖。茄子同样也需要阴凉湿润的土壤，记得定期浇水。

> **茄子：** 随着植株生长，要不断修剪。花开后，第二个花芽下面的茎叶都要剪去。大约在种植下去2个月之后，根据品种的不同，就可以陆陆续续地进行收获。采摘果实的同时也要修剪茎叶。劳作的时候最好戴上手套，因为这些茎是带刺的。

> **矮生四季豆：** 播种后2个月到2个半月即可采摘。在结果的繁盛期大约每隔2天就能够采摘一次，及时采摘才能保证果实的柔嫩和新鲜。

水中一晚。挖一个大约3cm深的种植穴种下矮生四季豆种子，每个种植穴间隔5cm，然后盖上土，夯实，并浇足水。如果想把矮生四季豆种植在两行茄子间，每行茄子应间隔约30cm，这样成熟时比较容易采收。

> **土壤：** 这2种作物在深厚、阴凉、排水良好的土壤中生长得更好。

> **光照：** 对于这2种植物来说，充足的光照是必需的。在气候比较严寒的地区，可以将其种植在大棚中，以保护植株不受霜冻侵害。在这种情况下，每天都要打开大棚通风。

> **需要避免的种植搭配：** 对于茄子来说，洋葱和土豆是最糟糕的搭档。矮生四季豆则讨厌与大蒜、洋

其他尝试

· 茄子和豌豆、蚕豆、香菜，以及龙蒿种植在一起也能够很好地生长。

· 矮生四季豆与胡萝卜、菠菜、卷心菜、生菜，以及黄瓜种植在一起是十分合适的。

卷心菜、生菜和百里香

这个组合十分容易种植，而且收成非常可观。百里香对于驱避害虫十分有效，而且还是烹饪中不可缺少的调味品。

如何搭配？

在卷心菜之间间种生菜是一个非常好的选择，因为卷心菜的生长十分缓慢，要在土壤中待上好几个月，在其中种植生菜有利于提高单位面积的利用率。百里香喜欢疏松且比较干燥的土壤。但是欧百里香(*Thymus serpyllum*)和银斑百里香(*T. vulgaris*)则一般会生长在排水性良好的地方。

> **栽种位置：** 在方形菜圃中，可以将百里香种植在边缘地带，或者按排种植在每一排卷心菜旁。在一些小的菜园中，可以将1株百里香种植

卷心菜(上图，抱子甘蓝)

生菜

其他尝试

- 这个组合如果和鼠尾草一起种植，是十分有利的。鼠尾草能够驱散对卷心菜有害的昆虫。

- 波斯菊和卷心菜也可以形成很好的搭配。因为在卷心菜生长期间波斯菊能够充当诱饵，菜粉蝶会被波斯菊所吸引而忘记觅食藏在波斯菊下面的卷心菜。

- 西兰花属于芸薹属作物，能够和百里香完美地搭配在一起。种植时可以种植一行卷心菜，一行百里香，然后再种植一行西兰花。

柠檬百里香

在卷心菜的排头。

如何栽植？

> **播种/种植：** 卷心菜的生长需要比较长的时间。应该将其播种在苗圃（保护幼苗免受霜冻、冰雹和冷风的侵袭）3cm深的育苗盘中。定期修剪，以保持植株的强健和活力。5月将卷心菜移植到花园里，每株相距约50cm。如果没有足够的时间按照所说的步骤操作，就直接购买卷心菜的幼苗将其栽种在花园里。还要准备一个微型的塑料棚来保护幼苗，因为在这些植物的生长初期霜冻往往还未过去。在播种生菜的时候可以将种子和沙子混合在一起播撒，这样可以避免播种的密度过大。将生菜种子播撒在深约0.5cm的种植穴中，然后覆盖好土壤，夯实。等植株长到10cm高时，对其进行整理，连根拔起，可以用来食用。

在春季或者初秋种植百里香。可直接购买盆栽的幼苗，它会不断地生长，过几年，就可以进行分株和移植。

> **土壤：** 通过堆肥提高土壤肥力，使土壤适合种植卷心菜，生菜对土壤也有同样的要求。百里香则要求土壤具有在雨季后不久就能恢复干燥的良好排水性。

> **光照：** 充足的阳光是种植这些植物必不可少的。在夏季十分炎热的地区，要对土壤进行覆盖。

> **需要避免的种植搭配：** 当卷心菜种植在草莓、蔓生四季豆、大蒜，以及洋葱旁边的时候，几乎是不生长的。生菜和菠菜、香菜一起种植也不能茁壮生长。

如何养护？

定期对卷心菜和生菜进行浇灌。在种植蔬菜的行列下面放置有孔的水管，可以对植株进行有针对性的浇灌。但是不要靠近百里香放置。

> **卷心菜：** 覆盖每株植株根系附近的土壤以保持整个生长季节土壤的凉爽。种植3~4个月后可以对卷心菜进行收获。

> **生菜：** 在生菜生长过程中，根据需要，可以切下叶片食用。生菜生长的速度非常快，整个采摘的时间可以长达4~5周。

> **百里香：** 在生长的过程中，依据需要沿着根部切掉茎叶食用。每株植物上都采摘一点，避免过度采摘。秋季结束时，将所有枝条剪短到它本身高度的约1/3。

覆盆子和勿忘草

只要有一点生长空间，覆盆子就能为你带来如草莓般鲜红，深受喜爱的果实。5~6月，覆盆子会被甲虫的幼虫侵袭。但是，这是在没有将勿忘草种植在覆盆子周围的情况下！

小知识

蚜虫是覆盆子的第二号敌人。为了防范蚜虫的侵袭，可以想办法吸引一些益虫到来（如瓢虫、草蛉、食蚜蝇），同时停止使用杀虫剂，包括生物杀虫剂。留下一些空间用来播种种在草坪上的花，或者在附近种植假荆芥属植物、波斯菊或雏菊以吸引成年的益虫到来对其进行传粉，这样才能捕食附近的蚜虫。

如何搭配？

可以将覆盆子沿着围墙或者栅栏种植，这样就可以将花园中间的空间空出来用于种植其他装饰性植物。覆盆子还可以种植在菜圃中。在这种情况下，一般将其种植在那些不适宜蔬菜生长的角落。

> **栽种位置：** 将勿忘草种植在覆盆子树根附近，株距大约40cm，这样就能够让其枝条自由生长。栽在树下的勿忘草要留出让人通行的小道，这样在收获果实或者修剪覆盆子枝条的时候便比较方便。

如何栽植？

> **播种/种植：** 在冬季结束的时候，等到土壤不再结冰，将覆盆子的幼苗按排种植，株距大约50cm。也可以在秋季的时候将其

覆盆子

种下。等到春季幼苗长到30cm高的时候进行修剪，以促进植株生长和开花。在每株覆盆子的根部用有机物进行覆盖，随着有机物的逐步分解，能够保持土壤的肥力。5月播种勿忘草，如果购买的是盆栽的幼苗，在春季进行移植。勿忘草会进行自我繁殖，有时甚至会变成抢占资源的入侵品种。

> **土壤：**覆盆子可以在任何类型的土壤中生长，只要土壤在其生长季节保持疏松、湿润即可。勿忘草对土壤没有强烈的偏好，只要肥沃、湿润便可。

> **光照：**覆盆子比较喜欢半阴的环境。最好在一天中，有一部分时间能够享受充足的阳光，但也不是最热的那几个小时，这样就可以保持土壤的凉爽。

勿忘草

其他尝试

· 可以将覆盆子和其他一些结浆果的灌木一起种植，例如红醋栗，两者都能够在比较湿润、新鲜的土壤中生长。还可以沿着栅栏的方向，在两行覆盆子树之间种植树莓，每株树莓间隔大约2.5m，这样在采摘果实的时候就比较方便。在阳光充足的地方，可种植一些能够开花的灌木，如木槿，以吸引更多的昆虫出来传粉。

· 勿忘草和郁金香搭配十分完美。可以将郁金香的球茎在秋季种植下去，来年春季就可以开花了。

木槿

幸运的是，勿忘草同样也喜欢半阴凉的环境，这样它生长、开花更快。

> **需要避免的种植搭配：**覆盆子是一种很好的搭配植物，但要注意与相邻的植物保持距离。

如何养护？

在干燥时期定期浇水。

> **覆盆子：**秋季在每棵植株的根部覆盖一层堆肥。这层堆肥可以供给下个春季植株的生长。保持土壤良好的排水性和透气性，防止因为土壤过分潮湿和黏结引发灰霉病。对于不会长得太高的品种，只需对结果枝进行修剪。高枝的品种则需要在初夏的时候就对结果枝进行修剪，然后在第一次结果之后的夏末，将枝条修剪到原来长度的1/4。

> **勿忘草：**将已经凋谢了的花枝剪掉，也有可能花期过后枝条会自行枯萎断裂。

图书在版编目（CIP）数据

花园植物完美搭配 /（法）布达松著；赵昕译. —武汉：湖北科学
技术出版社，2017.4（2020.5，重印）
ISBN 978-7-5352-7350-5

Ⅰ. ①花… Ⅱ. ①布… ②赵… Ⅲ. ①观赏植物—景观设计 Ⅳ. ①S68

中国版本图书馆 CIP 数据核字（2014）第 290777 号

les meilleures associations de plantes © Larousse 2011

责任编辑：胡　婷　童桂清	封面设计：胡　博

出版发行：湖北科学技术出版社　　　　　　　　　　　　电话：027－87679468
地　　　址：武汉市雄楚大街 268 号　　　　　　　　　　邮编：430070
　　　　　　（湖北出版文化城 B 座 13—14 层）
网　　　址：http://www.hbstp.com.cn

印　　刷：武汉市金港彩印有限公司　　　　　　　　　邮编：430023

787×1092　　　　　1/16　　　　　　8.75 印张　　　　　170 千字
2017 年 4 月第 1 版　　　　　　　　　　　2020 年 5 月第 3 次印刷
　　　　　　　　　　　　　　　　　　　　　　　定价：48.00 元